OVERVIEW OF VALUE-ADDED FERTILIZER

增值肥料概论

赵秉强 等 著

中国农业科学技术出版社

图书在版编目（CIP）数据

增值肥料概论 / 赵秉强等著. —北京：中国农业科学技术
出版社，2020. 10

ISBN 978-7-5116-5070-2

Ⅰ. ①增… Ⅱ. ①赵… Ⅲ. ①肥料—概论 Ⅳ. ①S14

中国版本图书馆 CIP 数据核字（2020）第 199887 号

责任编辑　李　华　崔改泵
责任校对　李向荣

出 版 者　中国农业科学技术出版社
　　　　　北京市中关村南大街12号　　邮编：100081
电　　话　（010）82109708（编辑室）　（010）82109702（发行部）
　　　　　（010）82109709（读者服务部）
传　　真　（010）82106650
网　　址　http://www.castp.cn
经 销 者　各地新华书店
印 刷 者　北京富泰印刷有限责任公司
开　　本　710mm×1 000mm　1/16
印　　张　12.25
字　　数　205千字
印　　数　1~10 000册
版　　次　2020年10月第1版　　2020年10月第1次印刷
定　　价　120.00元

《增值肥料概论》

著者名单

主　著：赵秉强

副主著：袁　亮　李燕婷　张水勤

内容简介

  《增值肥料概论》一书分上、下篇。上篇首次将化肥产品创新划分为无效养分有效化产品创新和有效养分高效化产品创新两个过程，并系统论述了其理论、技术策略和产业途径；下篇概要论述了增值肥料的概念、范畴与原理，加工工艺，标准与检测，应用效果及发展展望。增值肥料产生、根植和发展于中国，其载体增效制肥技术策略、"肥料—作物—土壤"综合调控增效理论、与大型化肥生产装置结合一体化生产的产业途径、标准化体系建设等不断发展和完善，逐步形成增值肥料理论体系、技术体系和产品体系，为推动化肥产业绿色转型升级、农业绿色高质量发展作出了重要贡献。增值肥料是继缓/控释肥料、稳定性肥料、脲醛类肥料之后发明的新一代绿色高效肥料产品类型。

  本书可供土壤、肥料、植物营养与施肥、作物、生态、环境等学科领域的科技工作者、管理人员、农技推广人员、肥料生产企业人员及相关专业高等院校师生参考阅读。

前　言

化学肥料新产品是根据植物营养的理论，以肥料资源为原材料，通过一定的工艺技术方法［提取、物理和（或）化学方法］创制而成。化肥产品的不断创新，推动建立了现代化肥工业丰富的产品体系。从理论上归纳，化肥产品创新主要包括两个过程，一是无效养分有效化，二是有效养分高效化。化肥无效养分有效化产品创新过程，以植物矿质营养学说为基本理论指导，将肥料资源中难以被植物吸收利用的无效养分形态，转化为容易被植物吸收利用的有效养分形态，创制化肥新产品。自1843年John Lawes在英国建立了世界上第一个过磷酸钙磷肥厂起，过去的170多年间，化肥无效养分有效化产品创新，建立了以合成氨和湿法磷酸为代表的现代化肥产业技术体系和产品体系，为世界农业发展和粮食安全作出了巨大贡献。化肥有效养分高效化产品创新过程，以植物营养与施肥理论为基础，以农业绿色增产为目标，多途径调控、多学科交叉、多策略集成，实现产品功能化、高效化、绿色化。迄今，已经大面积实现产业化的绿色高效化肥产品类型主要有缓/控释肥料、稳定性肥料、脲醛类肥料和增值肥料。化肥产品创新驱动化肥产业不断转型升级，使化肥产业经历了初始化肥阶段（化肥产业1.0时代）、低浓度化肥阶段（化肥产业2.0时代）、高浓度化肥阶段（化肥产业3.0时代），不久将全面迎来绿色高效化肥阶段（化肥产业4.0时代）。

化肥有效养分高效化产品创新和产业发展，走过了50多年的历程，缓/控释肥料、稳定性肥料、脲醛类肥料的产业技术不断成熟和完善，产业规模逐渐扩大。过去20年间，增值肥料产生、根植和发展于中国，其载体增效制肥技术策略、"肥料—作物—土壤"综合调控增效理论、与大型化肥生产装置结合一体化生产的产业途径，丰富和发展了高效化肥产品创新的理论、技术策略和产业途径，成为有效养分高效化产品创新的新一代绿色高效肥料产品类型，为推动大宗尿素、磷铵、复合肥料产品全面绿色高效化升级提供科技支撑。增值肥料在瑞星集团、中海化学、中化农业、昊华骏化集团、云天化、贵州磷化集团、六国化工等国内数十家大型企业实现产业化，年产量1 500万吨，成为全球产量最大的绿色高效肥料产品，为我国化肥减施增效、农业绿色高质量发展作出了重要贡献。

本书分上、下篇。上篇系统论述了化肥产品创新的理论、技术策略和产业途径；下篇概要论述了增值肥料的概念、范畴与原理，加工工艺，标准与检测，应用效果及发展展望。本书的研究成果得到"十五"国家863计划课题"环境友好型肥料研制与产业化（2001AA246023）"，"十一五"和"十二五"国家科技支撑计划系列课题"复合（混）肥养分高效优化技术研究与工艺（2006BAD10B03）""高效系列专用复（混）合肥技术集成及产业化（2006BAD10B08）""配方肥料生产及配套施用技术体系研究（2008BADA4B04）""环渤海中低产田增值尿素研制与施用技术（2013BAD05B04F02）""复合（混）肥农艺配方与生态工艺技术研究（2011BAD11B05）"，科技部农业科技成果转化资金项目"双控复合型缓释肥料新产品中试与示范推广（2010GB23260587）""腐植酸复合缓释肥料新产品中试与示范推广（2013GB23260576）"，以及"十三五"国家重点研发计划项目"新型复混肥料及水溶肥料研制（2016YFD0200400）"的资助，谨此致谢。

增值肥料的研究和推广，得到了工业与信息化部、农业农村部等有关部委，中国氮肥工业协会、中国磷复肥工业协会、中国腐植酸工业协会等行业协会，化肥产业界，以及化肥增值产业技术创新联盟有关单位的指导、支持和帮助，谨此一并致谢。衷心感谢一直以来支持、鼓励和帮助增值肥料研究发展的各位同仁。

本书可供土壤、肥料、植物营养与施肥、作物、生态、环境等学科领域的科技工作者、管理人员、农技推广人员、肥料生产企业人员及相关专业高等院校师生参考阅读。

限于作者水平，书中难免有错漏之处，敬请各位读者批评指正。

赵秉强

2020年3月

目　录

下 篇 增值肥料

化肥产品创新的理论、技术策略与产业途径

肥料（Fertilizer）是以提供植物养分为主要功效的物料，化学肥料（Chemical Fertilizer）简称化肥，又称无机肥料（Inorganic Fertilizer）或矿物肥料（Mineral Fertilizer），是由提取、物理和（或）化学工业方法制成的，标明养分呈无机盐形式的肥料（硫黄、氰氨化钙、尿素及其缩缔合产品，习惯上归为无机肥料）（GB/T 6274—2016）。

化学肥料新产品是根据植物营养的理论，以肥料资源为原材料，通过一定的工艺技术方法［提取、物理和（或）化学方法］创制而成。化肥产品的不断创新，推动建立了现代化肥工业丰富的产品体系。从理论上归纳，化肥产品创新主要包括两个过程，一是无效养分有效化，二是有效养分高效化。

第1章
化肥无效养分有效化产品创新

化肥无效养分有效化产品创新，其目标是"将肥料资源中难以被植物吸收利用的无效养分形态，转化为容易被植物吸收利用的有效养分形态"。20世纪70年代以前，化肥产业的产品创新，主要是无效养分有效化产品创新过程。无效养分有效化产品创新，其主要理论依据是植物矿质营养学说，根据植物必需营养元素的类型及其有效吸收形态，针对养分资源的性质，采用不同的工艺技术方法，将肥料资源中的无效养分形态转化为有效形态，创制化肥新产品，为植物提供有效养分。自1843年John Lawes在英国建立了世界上第一个过磷酸钙磷肥厂起，过去的170多年间，人们建立了以合成氨和湿法磷酸为代表的现代化肥产业技术体系和产品体系，为世界农业发展和粮食安全作出了巨大贡献。

1.1 理论体系

1.1.1 高等植物必需营养元素类型

尽管组成植物体的化学元素有70多种（奚振邦等，2013）[33-83]，但根据矿质营养理论（刘更另，1983），高等植物生长发育所必需的营养元素主要有16种（表1-1），其中，C、H、O主要来自空气和水，不属于矿质营养元素范畴；矿质营养元素主要有13种（N、P、K、S、Ca、Mg为大量元素，在植物体内的含量相对较高，一般>0.1%；Cl、Fe、Mn、B、Zn、Cu、Mo为微量元素，在植物体内的含量相对较低，一般<0.1%），主要依靠土壤供给（朱祖祥，1983）。必需营养元素直接参与植物代

谢，具有不可替代性，当必需营养元素缺乏时，植物不能正常生长发育和完成生命周期。植物必需营养元素理论的建立，为开发什么样的化肥产品类型提供了理论依据。

1.1.2 植物必需矿质营养元素的有效吸收形态

土壤中的矿质营养元素，只有以"有效态"形式存在时，才能被植物根系吸收利用。尽管必需矿质营养元素可被植物吸收利用的有效养分形态，因矿质营养元素类型不同而不同（表1-1），但这些元素大都以可溶于土壤溶液的离子或分子态存在时，才能被植物吸收利用。例如，氮素是生命元素，是蛋白质的重要组成成分，尽管空气中存在大量氮气（N_2），但除少数豆科固氮植物外，大多数高等植物都不能直接吸收利用空气中的氮气作为营养，根系从土壤中吸收氮素的主要形态是硝态氮（NO_3^-）和铵态氮（NH_4^+）。因此，人们需将空气中无效态的氮气（N_2）通过化学合成的方法转化成合成氨（NH_3），施入土壤才能被植物根系吸收利用。再如，大量磷矿石中的磷素含量（P_2O_5）超过30%，但这些磷素在矿石中以难溶性磷酸盐形式存在，植物无法直接吸收利用，处于无效养分形态，因此，必需通过一定的技术手段，将磷矿石中的磷素"活化"出来，制备成水溶性或枸溶性磷，施入土壤后，才能被植物根系吸收利用。如果不了解植物根系吸收利用氮素和磷素的形态，氮肥、磷肥产品创新就无从下手。过去100多年的探索研究，明确了各种必需矿质营养元素可被植物吸收利用的养分形态（表1-1），为化肥无效养分有效化产品创新提供了理论依据。

表1-1　高等植物必需营养元素

元素	植株体（干）中的含量（%）	植物可利用的形态	来源
碳（C）	45	CO_2、HCO_3^-	
氧（O）	45	O_2、H_2O、CO_2、HCO_3^-	非矿质营养元素主要来自空气和水
氢（H）	6	H_2O	

（续表）

元素	植株体（干）中的含量（%）	植物可利用的形态	来源
氮（N）	1.5	NO_3^-、NH_4^+	
钾（K）	1.0	K^+	
钙（Ca）	0.5	Ca^{2+}	大量矿质营养元素
磷（P）	0.2	$H_2PO_4^-$、HPO_4^{2-}	主要来自土壤
镁（Mg）	0.2	Mg^{2+}	
硫（S）	0.1	SO_4^{2-}	
氯（Cl）	0.01	Cl^-	
铁（Fe）	0.01	Fe^{2+}、Fe^{3+}	
锰（Mn）	0.005	Mn^{2+}	
锌（Zn）	0.002	Zn^{2+}	微量矿质营养元素
硼（B）	0.002	$B(OH)_3$	主要来自土壤
铜（Cu）	0.000 6	Cu^{2+}	
钼（Mo）	0.000 01	MoO_4^{2-}	

注：参考奚振邦，黄培钊，段继贤，2013. 现代化学肥料学[M]. 北京：中国农业出版社：33-83；林葆，沈兵，2004. 撒可富农化服务手册[M]. 北京：中国农业出版社：1-24；孙曦，1996. 中国农业百科全书·农业化学卷[M]. 北京：农业出版社；等，整理而成。

1.2　工艺技术与产品体系

将肥料资源中不能被植物吸收利用的无效养分形态，转化为可被植物吸收利用的有效养分形态，需要工艺技术创新。过去的100多年间，化肥无效养分有效化产品工艺技术创新，建立了以合成氨和湿法磷酸为主要代表的现代化肥产业技术体系和产品体系，为世界农业发展和粮食安全作出了巨大贡献。

1.2.1　合成氨技术和氮肥产品体系

1.2.1.1　合成氨技术

将空气中不能被植物吸收利用的无效态氮气与氢气直接合成氨技

术，是由德国著名科学家哈伯发明的（贺炳昌，1984）。德国科学家弗里茨·哈伯（Fitz Haber）1904年开始重点研究利用氢气和氮气直接合成氨技术，在经过反应平衡、温度、压力、触媒等一系列的系统研究和合成试验后，于1910年5月在实验室条件下，用锇作催化剂，在175千克/平方厘米和550℃下，在出口氢氮混合气中得到8%氨；用铀为催化剂，在125千克/平方厘米和500℃下得到10%氨。氨合成实验室技术取得重大突破。哈伯与BASF公司的卡尔·博施（Carl Bosch）等人合作，于1910年5月在德国路德维希港建立了合成氨中试装置，该装置在1911年7月已达到日产100千克液氨。在中试的基础上，1911年开始，他们在路德维希港附近的奥堡组建世界上第一个合成氨工业装置，设计能力年产9 000吨氨，于1913年9月9日开工。这是世界上第一座合成氨厂，标志着合成氨技术实现了产业化。哈伯因发明合成氨技术而荣获1918年度诺贝尔化学奖，促进合成氨技术实现工业化的博施，也于1931年荣获诺贝尔化学奖。人们将工业合成氨法常称为"哈伯—博施"法。德国的格哈德·埃特尔（Gerhard Ertl）博士，因其在固体表面化学过程研究领域所作出的开拓性贡献，尤其是在描述哈伯—博施法合成氨反应过程催化机理以及建立表面非线性反应动力学理论方面所取得的杰出成就，荣获2007年度诺贝尔化学奖。这也是合成氨研究领域诞生的第三位诺贝尔奖得主（周程和周雁翎，2011）。

1.2.1.2　氮肥产品体系

合成氨技术是20世纪人类最伟大的发明之一，是化肥无效养分有效化产品创新的典范，为现代氮肥工业的兴起、建立和发展奠定了基础。从BASF公司1913年9月投产9 000吨/年的世界上第一座合成氨厂开始，经过100多年的发展，装备大型化、高效化、节能、减排、降耗等生产技术不断创新，大型合成氨装置年产能超过50万吨。2019年，世界合成氨总产能达到2.21亿吨/年，合成氨产量1.81亿吨（实物量）。以合成氨为产品基础，世界建立了尿素、硝酸铵、硝酸钙/硝酸铵钙、尿素硝铵溶液、碳酸氢铵、硫酸铵、氯化铵等为主要代表的丰富的氮肥产品体系（表1-2）。根据国际肥料工业协会（International Fertilizer Association，IFA）数据，2016年全球氮肥农业消费量1.07亿吨（N），其中，尿素氮肥50%、硝态氮肥（硝酸铵/硝酸铵钙）9%、尿素硝铵溶液5%、磷铵（磷酸一铵/磷酸二铵）氮7%、复合肥氮15%、液氨4%、其他氮肥10%。

表1-2　主要氮肥产品类型

产品类型	分子式	英文/缩写	养分含量（N，%）
液氨	NH_3	Ammonia/A	82
尿素	$CO(NH_2)_2$	Urea/U	46
硝酸铵	NH_4NO_3	Ammonium nitrate/AN	34
硝酸钙	$Ca(NO_3)_2$	Calcium nitrate/CN	15.5
硝酸铵钙	$5Ca(NO_3)_2 \cdot NH_4NO_3 \cdot 10H_2O$	Calcium ammonium nitrate/CAN	26
硫硝酸铵	$(NH_4)_2SO_4 \cdot NH_4NO_3$	Ammonium sulfate nitrate/ASN	26
碳酸铵	NH_4HCO_3	Ammonium bicarbonate/ABC	17
硫酸铵	$(NH_4)_2SO_4$	Ammonium sulfate/AS	21
氯化铵	NH_4Cl	Ammonium chloride/ACL	24~25
尿素硝铵溶液	混合物	Liquid urea ammonium nitrate/UAN	28~32

我国氮肥工业起步于20世纪30年代（张福锁等，2007）[7-8]。1935年，从美国引进了一套硫酸铵生产装置（在南京永利宁厂建成），1936年，又在大连化工厂建设一套硫酸铵生产装置，合计年合成氨产能为5 000吨（李永恒，2004）。中华人民共和国成立后，我国氮肥产业采取引进和根据国情自力更生创新相结合的发展战略。20世纪50年代，引进和发展中氮肥；20世纪60年代，发明碳化法合成氨联产碳铵的小氮肥工艺；到20世纪70年代末，建成1 500多家小氮肥厂，在农业生产中发挥了独特而重要的作用。我国氮肥工业结合国情，逐渐建成了合成氨小型（4万吨以下）、中型（4万~15万吨）和大型（15万~30万吨）不同规模，以煤炭为主要原料（不同于国际上以油气为主要原料）的

合成氨氮肥企业工业体系。根据中国氮肥工业协会统计，2005年，我国合成氨产量4 629.8万吨，其中，大、中、小氮肥企业分别占18.2%、15.8%、66.0%。过去10年，随着科技进步和国家经济实力的不断提升，小型落后产能逐渐被技术先进的大产能所替代，氮肥企业逐渐向着大型化发展，年产能超过30万吨合成氨的企业比例不断提高。我国的氮肥企业数量由过去的上千家减少至目前的201家。根据中国氮肥工业协会统计，2018年，我国合成氨产能达到6 689万吨（采用先进煤气化技术的占37.2%），产量5 207万吨，位居世界第一。我国以合成氨为基础产品，衍生出以尿素为主和多样丰富的氮肥产品体系（表1-2）。根据中国氮肥工业协会统计，2018年我国氮肥产量3 794万吨，其中，尿素氮肥63.5%、氯化铵7.6%、硫酸铵5.3%、硝酸铵4.7%、碳酸氢铵2.3%、石灰氮0.8%、磷酸二铵7.2%、磷酸一铵4.1%，其他占4.5%。

1.2.2 磷肥生产技术和产品体系

磷肥是具有磷（P）标明量，以提供植物磷养分为其主要功效的单元肥料（孙曦，1996）。磷矿石是最为重要的磷肥资源，将其中难溶态的磷通过机械法、酸制法和热制法处理，转化为水溶（或枸溶）性磷，才能被植物吸收利用。硫酸分解磷矿制备普通过磷酸钙（Single Superphosphate，SSP，有效磷P_2O_5含量12%~20%）是世界上最早用化学方法制备磷肥的技术，英国人劳斯（John Lawes）于1842年获得用硫酸和鸟粪化石生产过磷酸钙的英国专利，1843年建立工厂，成为世界过磷酸钙商品肥料生产的首创者（张福锁等，2007）[44]。我国于1942年在云南省昆明开始用昆阳磷矿石（含P_2O_5 37.9%）生产含有效P_2O_5 17%的过磷酸钙产品，这是我国第一个磷肥品种。过磷酸钙（SSP）曾经是我国磷肥的主导产品，生产企业最多曾达到500多家，1998年最高产量达到476万吨（P_2O_5）（李志坚，2009），占磷肥总产量的71.8%。用硫酸分解磷矿制得磷酸（湿法磷酸），与氨中和制备磷铵（Ammonium Phosphate，AP）产品是磷肥工业最主要的方法，生产的产品有磷酸一铵（Monoammonium Phosphate，MAP，全氮≥9%、有效P_2O_5≥41%）和磷酸二铵（Diammonium Phosphate，DAP，全氮≥13%、有效P_2O_5≥38%）。1920年，美国氰胺公司开始生产磷酸一铵，1954年，美国首次工业化生产磷酸二铵。1966年，我国南京化学工业公司建成国内第一套3万吨/年磷酸二铵工业装置。国外磷铵生产工艺主要是"磷酸浓缩法"，但是，由于我国磷矿品位较低，中低品位磷矿居多，杂质含量较高，磷酸浓缩法因结垢问题严重，制约磷铵生产。20世纪80年代，我国科学家钟本和教授等研究改"磷酸浓缩"为"中和料浆浓缩"，发明了"料浆浓缩法"磷铵工艺，结束了国产中品位矿不能生产高浓度磷肥（磷铵）的历史，改变了全国高浓度磷复肥长期依赖进口的被动局面。磷铵是当前国内外最主要的磷肥产品类型。

利用硝酸分解磷矿制备硝酸磷肥（Nitric Phosphate，NP）产品，也是重要的磷肥生产工艺技术。1928年，挪威Odda Smelt公司在Erling Johnson发明的基础上，将硝酸磷肥实现工业化（张福锁等，2007）[45-46]。1987年，我国从挪威引进Norsk-Hydro公司的间接冷冻法工艺，在山西化肥厂（现为天脊集团）建成90万吨/年的硝酸磷肥装置，也是当时世界上最大的硝酸磷肥装置。冷冻法硝酸磷肥生产，首先是硝酸分解磷矿，将酸解液采取冷冻结晶工艺分离去除四水硝酸钙，除钙后的母液（主要是磷酸和硝酸钙）与氨中和生产硝酸磷肥产品（硝酸铵、磷铵和磷酸二钙的混合物）。尽管冷冻法硝酸磷肥工艺具有磷矿要求高、工艺复杂、成本高等特点，但其副产品硝酸钙经处理后可作为肥料使用，副产品处理的环保压力相对较小。相比之下，硫酸分解磷矿制备磷铵工艺产生大量副产品——磷石膏（生产1吨精制磷酸约产出5吨磷石膏），需要处理，否则会带来比较严重的环境问题。另外，利用磷酸分解磷矿制备重过磷酸钙（Triple Superphosphate，TSP，有效磷P_2O_5 40%~50%，相当于过磷酸钙有效P_2O_5含量的3倍，故称"三料"或"双料"过磷酸钙）也是重要的磷肥品种之一。

磷矿熔融工艺生产钙镁磷肥（Fused Calcium Magnesium Phosphate，

FCMP）是热制法熔成磷肥产品，产品中的有效磷主要是枸溶磷。1939年，德国S.Arthur获得熔融钙镁磷肥专利，1946年美国加利福尼亚州的Permanente冶金公司用电炉生产熔融钙镁磷肥（张福锁等，2007）[42-43]。我国于1958—1959年在北京化工实验厂和浙江兰溪化肥厂先后采用冷风直筒型高炉生产出钙镁磷肥（张福锁等，2007）[42-43]（汤建伟等，2018），高炉法钙镁磷肥生产技术为中国独创。在熔成磷肥产品研究领域，我国科学家许秀成教授发明了"玻璃结构因子配料方法"，将磷矿可直接利用的品位降低至P_2O_5 13.5%，为低品位磷矿直接利用提供了重要技术支撑。我国是世界第一钙镁磷肥产销大国，生产企业曾达100多家，最高产量（P_2O_5）曾经达到120.5万吨（1995年），占磷肥总产量的19.47%。

以酸制法和热制法为基础，建立了磷铵、普通过磷酸钙、重过磷酸钙、硝酸磷肥、钙镁磷肥、复合肥等为代表的丰富的磷肥产品体系（表1-3）。根据IFA数据，2016年全球磷肥农业消费量4 500万吨（P_2O_5），其中，磷铵（DAP和MAP）占47%、过磷酸钙（SSP）9%、重过磷酸钙（TSP）6%、NPK复合肥占27%、其他磷肥占11%。我国是磷肥产销大国，2000年以前，以低浓度SSP和TSP磷肥为主，占比在65%以上；1990年，SSP和TSP占总磷肥比例高达94%。2000年以后，我国高浓度磷肥比例不断上升，目前，我国磷肥产量占世界产量的近40%，产品以高浓度磷铵为主。根据中国化工信息中心数据，2018年我国磷肥产量1 696万吨，其中，磷酸二铵（DAP）44%、磷酸一铵（MAP）41%、重过磷酸钙（TSP）4%、普通过磷酸钙（SSP）3%，其他占9%。

表1-3　主要磷肥产品类型

产品类型	分子式	英文/缩写	养分含量（%）
磷酸一铵	$NH_4H_2PO_4$	Monoammonium phosphate/MAP	N 11，P_2O_5 44
磷酸二铵	$(NH_4)_2HPO_4$	Diammonium phosphate/DAP	N 18，P_2O_5 46
重过磷酸钙	$Ca(H_2PO_4)_2$	Triple superphosphate/TSP	P_2O_5 46（40、42、44）
普通过磷酸钙	$Ca(H_2PO_4)_2 \cdot H_2O$	Single superphosphate/SSP	P_2O_5 14（12、16、18）
钙镁磷肥	$Ca_3(PO_4)_2$、$CaSiO_3$、$MgSiO_3$	Fused calcium-magnesium phosphate/FCMP	P_2O_5 15（12、18）

（续表）

产品类型	分子式	英文/缩写	养分含量（%）
硝酸磷肥	混合物	Nitric phosphate/NP	N 25，P_2O_5 10
三元复合肥	混合物	NPK compound fertilizer/P-NPK	N 15，P_2O_5 15，K_2O 15

1.2.3　钾肥生产技术和产品体系

钾肥资源可分为两大类。一类是可溶性钾盐，主要是含钾的氯化物、硫酸盐和它们的复盐，包括可溶性钾盐矿（钾石盐矿、光卤石矿、硫酸盐钾矿等）以及含钾盐湖卤水等液体钾肥资源。另一类是非水溶性含钾矿物和岩石，主要包括硫酸盐矿物（如明矾石、杂卤石）和硅酸盐矿物（如钾长石、霞石）。根据美国地质调查局数据（孙小虹等，2015），2014年，全球钾盐储量为35亿吨（K_2O），其中，加拿大、白俄罗斯和俄罗斯3国占全球钾盐储量的70%。2014年中国钾盐储量为2.1亿吨（占世界的6%）（孙小虹等，2015），集中分布（超过95%）在青海柴达木盆地及新疆罗布泊地区，形成了以青海察尔汗盐湖和新疆罗布泊盐湖为主的钾肥生产基地。水溶性钾盐是植物有效态钾资源，全球90%以上的钾肥来自可溶性钾盐的加工（上海化工研究院，1977），主要采取提取纯化工艺（结晶、浮选等方法）生产钾肥，品种以氯化钾为主。

非水溶性含钾矿物和岩石中的钾素为无效钾，氧化钾含量多在5%~20%范围内，不能被植物直接吸收利用，需将其活化为水溶性钾后方可被植物直接吸收利用。我国非水溶性钾矿资源丰富，其资源总量估计会有200亿吨以上（马鸿文等，2010）。我国由于水溶性钾肥资源短缺，近年来开始重视非水溶性钾资源的开发利用（汪家铭，2011），加工方法主要有煅烧法、水热法和生物法等。虽说非水溶性钾肥资源量很大，但非水溶性矿钾素含量低（K_2O含量达到10%以上的岩石称作富钾硅酸盐岩石）（汪家铭，2011）。通常情况下，K_2O含量大于8%才具有开采价值，并且要走综合利用的路子，经济上才可行。目前，利用非水溶性钾矿生产钾肥的比例还很小，技术还处于研究和探索过程中。

　　表1-4列举了当前农用主要钾肥品种。根据IFA数据，2016年全球钾肥农业消费量3 400万吨（K₂O），其中，氯化钾（MOP）和硫酸钾（SOP）共占59%、NPK复合肥占37%、其他4%。根据中国化工信息中心数据，2017年，我国钾肥产量717.9万吨（K₂O），其中，氯化钾（MOP）占76.2%、硫酸钾（SOP）21.0%、磷酸钾镁肥占2.5%，其他占0.3%。

表1-4　主要钾肥产品类型

产品类型	分子式	英文/缩写	养分含量（%）
氯化钾	KCl	Potassium chloride/MOP	K_2O 60
硫酸钾	K_2SO_4	Potassium sulphate/SOP	K_2O 50
硝酸钾	KNO_3	Potassium nitrate/NOP	N 13.5，K_2O 44
磷酸二氢钾	KH_2PO_4	Monopotassium phosphate/MKP	P_2O_5 50，K_2O 33
硫酸钾镁	$MgK_2(SO_4)_2$	Potassium magnesium sulfate/PMS	K_2O 21

参考文献

贺炳昌，1984. 哈伯及世界上第一座合成氨厂[J]. 化学通报（9）：57-59.

李永恒，2004. 我国氮肥工业历史回顾与发展趋势[J]. 化肥工业，31（1）：21-23.

李志坚，2009. 化肥工业60年发展历程与经验启迪[J]. 中国石油和化工经济分析（10）：26-30.

林葆，沈兵，2004. 撒可富农化服务手册[M]. 北京：中国农业出版社：1-24.

刘更另，译，1983. 化学在农业和生理学上的应用[M]. 北京：农业出版社.

马鸿文，苏双青，刘浩，等，2010. 中国钾资源与钾盐工业可持续发展[J]. 地学前缘，17（1）：294-310.

上海化工研究院，1977. 国内外钾肥发展概况[J]. 化肥工业（S1）：49-61.

孙曦，1996. 中国农业百科全书·农业化学卷[M]. 北京：农业出版社.

孙小虹，唐尧，陈春琳，等，2015. 世界钾盐产业现状[J]. 现代化工，35（1）：1-3.

汤建伟，许秀成，化全县，等，2018. 新时代我国低浓度磷肥发展的新机遇[J]. 磷肥与复肥，33（5）：8-15.

汪家铭，2011. 富钾岩石制取矿物钾肥生产现状与前景展望[J]. 磷肥与复肥，26（5）：

20-23.

奚振邦，黄培钊，段继贤，2013. 现代化学肥料学[M]. 北京：中国农业出版社.

张福锁，张卫峰，马文奇，等，2007. 中国化肥产业技术与展望[M]. 北京：化学工业出版社.

周程，周雁翎，2011. 战略性新兴产业是如何育成的？——哈伯—博施合成氨法的发明与应用过程考察[J]. 科学技术哲学研究，28（1）：84-94.

朱祖祥，1983. 土壤学[M]. 北京：农业出版社.

第2章
化肥有效养分高效化产品创新

化肥有效养分高效化产品创新，其目标是化肥产品养分不仅有效、可以被植物吸收利用，而且还要实现高效利用。20世纪70年代以来，化肥产业的产品创新，重点是有效养分高效化过程。有效养分高效化产品创新，主要通过优化产品的养分释放、转化、移动过程，减少损失和防止固定退化，改善肥际和土壤环境，调动根系的吸收功能等增效理论和技术途径，实现化肥养分高效利用。化肥有效养分高效化产品创新，由过去单一调控肥料本身的营养功能改善肥效，逐渐向"肥料—作物—土壤"系统综合调控改善肥效发展，尤其重视调控和调动作物根系吸收功能，更大幅度提高肥料利用率；化肥有效养分高效化产品创新，从过去的主要重视氮肥高效产品的研发，发展到高效磷钾肥、中微量元素肥料等多品种开发，高效化肥产品类型不断丰富。过去的几十年间，化肥有效养分高效化产品创新的理论、产业技术和产品体系不断形成和发展，这一过程远没有结束，可能还要持续相当长的时间。

2.1 氮肥有效养分高效化产品创新的理论、技术策略和产业途径

氮是植物需求量最大的必需矿质营养元素，它是植物体内蛋白质、核酸、叶绿素、辅酶、激素及次生代谢产物的组成元素（Marschner，2013）[135]（Weil and Brady，2017）[602]，健康植物的叶片通常含有2.0%~4.0%的氮素，缺乏（作物生长不良、低产）和过量（旺长、倒伏、抗病抗逆性差等）

都对作物生产不利（Weil and Brady，2017）[602]。相比其他必需矿质营养元素，农田氮素管理最为复杂、困难和耗时费力（Weil and Brady，2017）[601]。

施用氮肥已经成为保障作物高产和持续高产最为重要的农艺措施。通过无效养分有效化产品创新过程创制的氮肥产品类型主要包括液氨（北美国家应用较多，如美国）、酰胺态氮肥（尿素）、铵态氮肥（氯化铵、硫酸铵等）和硝态氮肥（硝酸铵等）（第1章表1-2）。这些常规氮肥产品具有活性高、稳定性差、移动性强的特点，施入土壤后容易通过气态、淋洗和径流等途径损失。在我国，这些氮肥产品的作物当季养分利用率平均在35%左右（朱兆良，2008）。另外，未被作物吸收利用的氮肥也不易在土壤中残留被后续利用，累计利用率也不高（可达到60%）（Sebilo et al.，2013），大概有20%~40%的氮肥最终离开农田生态系统而进入环境。我国2019年农业氮肥消费量2 407万吨（纯N），估计通过各种途径离开农田生态系统进入环境的氮肥损失量达到850万吨，不仅造成巨大的经济损失，也带来了严重的环境问题。因此，开展氮肥有效养分高效化产品创新，提高氮肥产品的养分利用率，对推动农业化肥减施增效和绿色发展意义重大。

2.1.1 氮肥有效养分高效化产品创新的理论

2.1.1.1 氮肥的利用和损失

无论何种氮肥，施入土壤后，最终都主要以铵态氮和硝态氮的形态被作物吸收利用。土壤中的铵态氮除了通过径流损失外，主要去向包括作物吸收、微生物固定、厌氧氨氧化（伴随有N_2O损失）、氨挥发、硝化作用（伴随有N_2O损失）、土壤矿物固定（主要是2:1型黏土矿物）；土壤中的硝态氮除了通过径流损失外，主要去向包括作物吸收、微生物固定、参与厌氧氨氧化、反硝化作用（伴随N_2O等氮氧化物和N_2损失）、微生物异化还原为铵态氮、淋洗损失（Weil and Brady，2017）[605]。由此可见，土壤中的铵态氮和硝态氮非常活跃，不断与土壤中的其他组分发生物理、化学和生化反应，在这些反应过程中常伴有大量的氮素损失。

（1）氮肥的氨挥发损失。氨挥发（Ammonia Volatilization）是氨自土壤表面（旱田）或田面水表面（水田）逸散至大气的过程（孙曦，1996）[1]。氮肥施入土壤后形成的铵离子在碱性条件下转化成氨，当土表或田面水表面的氨分压（即与液相中的氨相平衡的气态氨的浓度，也可用压力表示）大于其上大气的氨分压时，即可发生氨挥发损失。土壤溶液中的铵离子和氨气处于可逆平衡反应状态：

$$NH_4^+ + OH^- \Longrightarrow H_2O + NH_3\uparrow$$

土壤pH值高、铵离子浓度高、温度高，以及氮肥表施或埋土不严等，都会促进氨挥发的大量产生，高者可达施入氮肥量的30%以上，从而成为氮素损失的重要途径（孙曦，1996）[1]。我国北方土壤的pH值较高，施用氮肥的氨挥发损失较大。在河南封丘潮土上利用微气象学法进行的夏玉米氨挥发观测结果发现，表施尿素氨挥发损失达到施氮量的30%，穴施6厘米深，氨挥发仍达到施氮量的12%（Zhang et al.，1992）。温延臣（2016）利用中国农业科学院德州盐碱土改良实验站禹城实验基地潮土上布置的长期肥料定位试验，采用氨挥发通量法测定了冬小麦—夏玉米一年两熟制不同施肥制度农田土壤周年氨挥发量，结果表明，连续30年常量化肥氮处理，周年农田土壤氨挥发损失氮量占到施氮量的9.7%，其中，高温高湿的夏玉米季节氨挥发氮量（N）（33.49千克/公顷，占施氮量的17.8%）是冬小麦季节（3.02千克/公顷，占施氮量的1.6%）的11.1倍。如果施氮量加倍（常量化肥的2倍），氨挥发氮量也同步加倍，在冬小麦季和夏玉米季分别达到了6.26千克/公顷和79.45千克/公顷，周年氨挥发损失氮量占到施肥量的11.4%。但是，相同氮量投入下，长期施用牛粪有机肥的处理（有机肥氮量同化肥处理氮量，两季的有机肥一次性施在冬小麦上，夏季玉米不施肥），土壤氨挥发损失氮量则很低，在冬小麦和夏玉米上分别只有3.05千克/公顷和0.46千克/公顷，周年氨挥发氮量只占施氮量的0.9%。当有机肥用量加倍后，农田土壤氨挥发损失氮量并没有像化肥氮那样按比例倍增，在冬小麦季和夏玉米季则分别为3.66千克/公顷和0.49千克/公顷，占全年施氮量的0.6%。李燕青（2016）在禹城实验基地2014年布置的另一个化肥、有机肥类型、有机无机配合施肥的试验中，所得结论与上述相同。①无论是牛粪、猪粪还是鸡粪有机肥，农田土壤氨挥发损失都非常低（周年氨挥发氮量占施氮量的0.17%～0.24%，平均0.20%），等氮量投入下，都远远低于化肥氮（周年氨挥发氮量占施氮量的8.81%）。②化肥氮量投入加倍，氨挥发损失量也同步倍增（常量化肥氮处理周年氨挥发总量39.63千克/公顷，占化肥氮总投入量的8.81%；加倍化肥用量处理周年氨挥发总量85.69千克/公顷，占化肥氮投入总量的9.52%），但有机肥氮投入量加倍，周年土壤氨挥发氮损失量（牛粪、猪粪、鸡粪平均1.36千克/公顷，占总氮投入的0.15%）并没有按比例增加（常量投入氮量下，牛粪、猪粪、鸡粪周年氨挥发损失氮量平均0.91千克/公顷，占总氮投入的0.20%）。

稻田土壤氨挥发损失也很严重。施用化肥促进水田水藻生长，当藻类进行光合作用时，从水中吸收二氧化碳从而减少了碳酸的形成，结果使稻田水的pH值显著升高，尤其在白天，通常会高于9.0，在这种高pH值下，稻田的NH_3气体会大量释放出来，进入大气而损失掉（Weil and Brady，2017）[611]。不同地区稻田氨挥发田间原位观测结果表明，在封丘石灰性土壤上，尿素和碳酸氢铵的氨挥发率分别为30%和39%，江苏丹阳则分别为9%和18%；在浙江富阳和江西鹰潭，尿素氮肥的氨挥发率分别为11%和40%[①]。上述试验结果与土壤性质（土壤pH值等）、氮肥类型以及施氮后的气象条件（温度、光照、风速等）等有着密切的关系。我国北方石灰性土壤地区的单季稻、南方非石灰性土壤地区的双季晚稻（高温、干旱），氮肥的氨挥发可能高于南方非石灰性土壤地区的双季早稻（多雨季节）和单季稻[②]。与旱地土壤一样，稻田如果把肥料施用于土壤

① 蔡贵信，1995.农田生态系统中的氮素循环[M]//赵其国.土壤圈物质循环与农业和环境.南京：江苏科学技术出版社：8-24.

② 朱兆良，1998.中国土壤的氮素肥力与农业中的氮素管理[M]//沈善敏.中国土壤肥力.北京：中国农业出版社：175.

表面以下，这种损失可以大大减少（Weil and Brady，2017）[611]。

（2）氮肥的硝化—反硝化损失。硝化作用（Nitrification）是指土壤中铵在微生物的作用下氧化成硝酸盐的作用（孙曦，1996）[367]。硝化作用包括两个连续的过程（Weil and Brady，2017）[611-614]。

第一步：$NH_4^+ + 1\frac{1}{2}O_2 \xrightarrow{\text{亚硝化细菌}} NO_2^- + 2H^+ + H_2O + 275$千焦能量

第二步：$NO_2^- + \frac{1}{2}O_2 \xrightarrow{\text{硝化细菌}} NO_3^- + 76$千焦能量

第一步是由亚硝化细菌将铵氧化成亚硝酸盐，第二步是由硝化细菌将亚硝酸盐氧化成硝酸盐。亚硝酸盐对植物有毒，即使是在很低的浓度（几个毫克/千克）下也对大多数植物产生很强的毒害作用。但正常情况下，亚硝酸盐的氧化速率远高于铵的氧化速率，亚硝酸盐累积量甚微，不至于对植物产生毒害。硝化作用是铵氧化的生物化学过程，充足氧气、合适温度（20~30℃）、适宜含水量（田间最大持水量的60%）以及适宜土壤pH值（6~8）等条件，有利于硝化过程的进行。硝化作用过程中，尤其当氧气供应不足时常伴有微量的氮氧化物（NO、N_2O）温室气体产生，造成氮的少量损失。

反硝化作用（Denitrification）是硝酸盐或亚硝酸盐还原为气态氮（分子态氮和氮氧化物）的过程（孙曦，1996）[56-57]。反硝化作用过程主要是由反硝化细菌参与的生物化学过程。反硝化细菌多是兼性厌氧菌，好气条件下，反硝化细菌进行有氧呼吸，以氧气为最终受氢体，反硝化作用微弱；嫌气条件下，反硝化细菌以硝酸为最终受氢体，产生亚硝酸、一氧化氮（NO）、氧化亚氮（N_2O）和氮气（N_2）。由反硝化细菌引起的反硝化作用，其反应过程如下：

$$2NO_3^- \xrightarrow{-2O} 2NO_2^- \xrightarrow{-2O} 2NO\uparrow \xrightarrow{-O} N_2O \xrightarrow{-O} N_2\uparrow$$

在缺氧（$O_2 < 2\%$）、pH5~8、温度25~35℃、有充足有机物作能源等条件下，有利于反硝化作用进行。在渍水土壤中，其产物几乎全部为

氮气；而较低的嫌气程度，以及较低的pH值和温度等，都使氧化亚氮的比例增高（孙曦，1996）[56-57]。

硝化、反硝化作用过程，都会造成农田土壤形成氮气或氮氧化物而挥发损失，但反硝化是导致氮氧化物损失的主要过程。不同地区稻田硝化—反硝化表观氮损失（差减法）测定结果表明[①]，在封丘石灰性土壤上，尿素和碳酸氢铵的硝化—反硝化表观损失率均为33%，江苏丹阳则分别为36%和41%；在浙江富阳和江西鹰潭，尿素氮肥的硝化—反硝化表观损失率分别为41%和16%。稻田硝化—反硝化反应导致的氮素损失应当是比较大的。稻田的土壤通常处于干湿交替状态，干旱时硝化作用产生的硝酸盐，在土壤淹水时会发生反硝化作用而脱氮。即使在淹水期，硝化和反硝化作用可同时发生，硝化作用发生在水—土界面下方的有氧土层中形成的硝酸盐，向下扩散至土壤厌氧还原层，进行大量的反硝化反应，产生N_2和N_2O导致氮素损失（Weil and Brady，2017）[617-618]。如果将尿素或含氨肥料深埋在土壤厌氧层中，可防止氨氧化而大大减少氮的损失。尽管稻田土壤的氨挥发和硝化—反硝化导致的氮损失都较大，但硝化—反硝化造成的氮损失率可能会高于氨挥发氮损失率。

在北方旱田土壤上，河南封丘潮土夏玉米硝化—反硝化氮损失研究结果发现，表施尿素表观硝化—反硝化氮损失率达到15%，穴施6厘米深，表观硝化—反硝化氮损失率为18%（Zhang et al.，1992）。温延臣（2016）利用中国农业科学院德州盐碱土改良实验站禹城实验基地潮土上布置的长期肥料定位试验，采用静态箱—气相色谱法监测了冬小麦—夏玉米一年两熟制不同施肥制度农田土壤周年N_2O排放通量，结果表明，连续30年常量化肥氮处理，冬小麦和夏玉米农田土壤N_2O损失氮量分别只有0.35千克/公顷和0.66千克/公顷，周年损失量占到施氮量的0.27%；即使长期高量化肥（常量化肥加倍）施用下，冬小麦和夏玉米农田土壤N_2O

---

① 蔡贵信，1995.农田生态系统中的氮素循环[M]//赵其国.土壤圈物质循环与农业和环境.南京：江苏科学出版社：8-24.

损失氮量也分别只有0.57千克/公顷和1.34千克/公顷，周年损失量占到施氮量的0.50%。相同氮量投入下，长期施用牛粪有机肥的处理（有机肥氮量同化肥处理氮量，两季的有机肥一次性施在冬小麦上，夏季玉米不施肥），冬小麦和夏玉米农田土壤N_2O损失氮量也分别只有0.26千克/公顷和0.46千克/公顷，周年损失量占到施氮量的0.19%；当有机肥用量加倍后，农田土壤N_2O损失氮量分别为0.56千克/公顷和0.70千克/公顷，周年损失量占到施氮量的0.34%。李燕青（2016）在禹城实验基地2014年布置的另一个化肥、有机肥类型、有机无机配合施肥的试验中，所得结论与上述相同，等氮投入下，无论是化肥还是牛粪、猪粪、鸡粪有机肥以及化肥与不同类型有机肥不同比例配施（包括化肥、有机肥加倍用量在内共有17个处理），农田土壤N_2O损失氮量都非常低，周年农田土壤N_2O损失氮量在1.85～4.40千克/公顷范围内，平均3.01千克/公顷，周年损失量占到施氮量的0.80%。上述研究结果也表明，北方旱田条件下，农田土壤N_2O排放量随施氮量增加而增加；相同化肥氮用量，相对低温干旱的冬小麦季节农田土壤N_2O损失氮量（0.76千克/公顷）低于高温多雨夏玉米季节（2.09千克/公顷）（李燕青，2016）。从北方旱田研究结果看（李燕青，2016；温延臣，2016），农田土壤氧化亚氮的氮排放量远小于氨挥发的氮排放量。

（3）氮肥的淋洗损失。土壤中的硝态氮带有负电荷，不能被带负电荷的土壤胶体吸附保持，容易随水渗漏而发生淋洗损失。在美国密西西比河上游流域，农田每年氮素流失的6个主要途径中，淋洗损失最多（接近N 20千克/公顷），其次是淀积和氨挥发（N 8～9千克/公顷），反硝化、风蚀和径流损失较少（N 1～3千克/公顷）（Weil and Brady，2017）[631-632]。农田土壤氮素的淋洗损失主要与肥料类型（化肥、有机肥等）、施氮量、降水量（包括灌溉）、土壤性质等密切相关。我国南方稻田土壤上，对太湖地区稻麦轮作中氮素淋洗损失的研究表明（朱兆良，2008），稻季的淋洗损失低于小麦季，化肥氮的年淋洗损失率为2%～3%。水稻基肥或追肥施用的化肥氮，在当季水稻成熟时，下移至耕层以下的数量极微。

因此，除特殊情况外，在一般情况下，施于稻田的化肥氮，在当季淋洗的比例很小[1]。但是，施肥量较大的南方蔬菜或果树上，在降水量大和集中的地区，氮的淋洗损失问题不容忽视。

北方旱田土壤上，小麦生长季节的降水较少，氮素淋洗损失的量较少（张绍林等，1989）。袁锋明等（1995）在北京昌平利用渗漏池^{15}N试验，春小麦—夏玉米两熟下，氮素淋洗损失主要发生在夏玉米上，全年氮素淋洗损失量只占总施氮量1%~2%。在华北地区的冬小麦—夏玉米两熟制下，高温和降水量较多的夏玉米季的氮肥淋洗损失，明显高于相对低温干旱的冬小麦季节。氮素的淋洗损失率与灌水量和降水量密切相关，干旱年份，几乎无淋失，而多雨年份氮素的淋洗损失率则可达19%（朱兆良，2008）。温延臣（2016）利用中国农业科学院德州盐碱土改良实验站禹城实验基地潮土上布置的长期肥料定位试验，测定了冬小麦—夏玉米一年两熟制不同施肥制度农田0~200厘米土体的硝态氮含量与分布，结果表明，夏玉米收获时常量化肥处理160~200厘米深层土体的NO_3^--N含量超过20毫克/千克，加倍施用化肥处理的达到90毫克/千克。而等量氮肥投入下常量牛粪有机肥处理的160~200厘米深层土体的NO_3^--N含量很低（<5毫克/千克），而加倍有机肥处理的160~200厘米深层土体的NO_3^--N含量也超过40毫克/千克。因此，黄淮海地区冬小麦—夏玉米一年两熟常年每季作物施N 200千克/公顷的高产田，夏季多雨季节存在硝态氮淋失的风险，尤其是高量施用化肥时，风险会更大。相比于化肥，尽管有机肥硝态氮淋失的风险较小，但是，为获得高产而大量施用时，也存在硝态氮淋洗损失的风险。

（4）氮肥的径流损失。氮肥的径流损失在水土流失严重的地区也时常会发生。在此不再详述。

整体看，我国农田土壤氮损失，以气态损失为主。北方旱田土壤

---

① 朱兆良，1998. 中国土壤的氮素肥力与农业中的氮素管理[M]//沈善敏. 中国土壤肥力. 北京：中国农业出版社：174.

多偏碱性，氮肥以氨挥发损失为主，尤其是冬、春季节雨水少，气温相对较低，淋洗和硝化—反硝化损失比例较小；而雨热同季的夏季不仅氨挥发量大，并且硝化—反硝化、淋洗损失也达到相当的程度；水土流失严重的地区径流损失也不容忽视。我国南方地区高温多雨，土壤多偏酸性，除了径流损失外，农田氮素的硝化—反硝化损失和氨挥发损失较大，淋洗损失也较多。南方稻田土壤，氨挥发和硝化—反硝化损失都很大，二者加起来超过北方旱田土壤。据分析[①]，我国水稻生产中化肥氮的损失可能达到50%。朱兆良（2008）对我国农田中化肥氮的去向的初步估计，作物吸收35%、氨挥发11%、表观硝化—反硝化34%（其中，N_2O 排放率为1.0%）、淋洗损失2%、径流损失5%，以及未知部分13%。同时也指出，由于累积的数据不多以及方法论上存在的一些问题（例如，微区结果如何扩大到大田尺度等），这一估计具有很大的不确定性，但总的来看，氮肥利用率较低，损失率较高当是无疑的。尽管化肥氮的累积后效很差，也有人利用不同的方法研究了氮肥的累计利用率，提出化肥氮的累计利用率可达到60%甚至更高（刘巽浩和陈阜，1991；Sebilo et al.，2013）。但无论如何，土壤矿质氮的活性高、损失途径多，农田施用的氮肥累积损失率估计达到20%~40%。

2.1.1.2 氮肥有效养分高效化产品创新的理论

常规氮肥利用率低的主要原因是其活性高、损失途径多、损失率高。因此，氮肥有效养分高效化产品创新的理论，主要是降活性、优供应、控损失、促吸收，实现氮肥产品高效化。

（1）降活性、优供应、控气态损失，实现氮肥产品高效化。可被植物吸收利用的矿质氮（NH_4^+、NO_3^-）在土壤中的活性很高，容易通过氨挥发或硝化—反硝化作用损失掉。降活性，首先是调控氮肥产品本身的供氮活性，使其施入土壤后形成矿质氮的速度和浓度适中，不至于过高

---

① 朱兆良，1998. 中国土壤的氮素肥力与农业中的氮素管理[M]//沈善敏. 中国土壤肥力. 北京：中国农业出版社：173.

或过低，能满足作物需求即可。酰胺态氮肥产品——尿素，本身水溶性强、无极性，在土壤中随水移动性很强，灌溉不当或遇到大雨，容易以分子态移入深层土体甚至淋洗出根层土体，影响根系吸收（尤其是作物生育初期根系浅）利用。尿素进入土壤后转化为矿质氮的速度快，很容易形成土壤高浓度矿质氮状态，容易形成氨挥发、硝化—反硝化或淋洗损失。因此，在对尿素氮肥进行改性增效或开发高效氮肥产品时，要降低在土壤中的转化活性，或控制它的溶解/溶出性，使其在土壤中不至于形成过高浓度的矿质氮，使土壤矿质氮浓度适中（过低也不行，不能满足作物需要），既能满足作物需求，又能控制各种途径的损失。另外，无论是酰胺态氮还是铵态氮或硝态氮高效产品开发，降活性可通过赋予产品具有调控土壤硝化、反硝化过程等作用，减少氮素的气态损失。其实，氮肥少量多次施用提高肥效和降低损失的施肥技术，在很大程度上是利用分次投入的方式来调节产品的供氮性，避免一次过多施用导致土壤矿质氮浓度过高而发生大量损失。从某种意义上讲，少量多次施肥起到了氮肥"降活"调节供氮的效果。

　　某些有机肥的供氮过程，为高效氮肥产品的开发提供了有益的启示。例如，中国农业科学院德州盐碱土改良实验站在禹城和陵县潮土冬小麦—夏玉米两熟田上，建立的化肥、有机肥、有机无机配合施肥不同施肥制度长期定位试验群的研究结果表明，相同施氮量下（N 200千克/公顷左右），与化肥氮比较，猪粪、鸡粪的氮损失率低、土壤累积量高，利用率与化肥相当。猪粪或鸡粪有机肥中的氮主要以有机态形式存在，与化肥氮相比，具有供氮活性低或缓效的特点，但其在土壤中通过矿化供氮模式既满足了作物对矿质氮的需求，也避免了土壤矿质氮累积过多而大量损失，尽管氮肥的当季利用率与化肥相当，但未被利用的氮素则累积在土壤中可被后续利用。化肥氮的累积后效作用非常微弱。但是，牛粪有机肥因供氮"活性"过低，常量施肥下（N 200千克/公顷左右）低温干旱少雨季节生长的冬小麦，在试验开始的头10年产量低于化肥，10年以后，因为牛粪的累积培肥作用使土壤总矿化氮量提高，冬小麦产量与化肥处理相当，不再偏低。有机肥的矿化或供氮活性受湿热条件的影响很大，在夏玉米上，牛粪有机肥赶上化肥的产量水平只用了5年。另外，有机/无机配合施肥制度既保障了供氮水平，也降低了氮素损失，同时氮在土壤中累积效果也好于化肥，具有高产—培肥—环境保护相协调的特点。开拓创新思路，运用有机质类物质与无机氮肥复合，开发具有"供氮活性适中、损失少、可累积"特性的氮肥产品，利于实现产品养分高效化利用。

生产实践中，有些生产过程也有提高氮肥活性的特殊需求，例如，速生短季蔬菜生产中，要求氮肥产品"溶得快、见效快、不烧苗"，满足速生快长的需求；某些低温地区或低温季节生长的作物，尤其在苗期根系不发达时，对氮肥品种也提出"效果快"的需求，有时候硝态氮肥可以满足"见效快、效果快"的特殊需求。但无论如何，如果施肥使土壤有过多矿质氮供应，不仅导致损失大、利用率低，有时还可能使作物出现旺长，影响产量和品质。

（2）促进根系吸收，实现氮肥产品高效化。过去高效氮肥产品的开发主要单纯依靠调控肥料的营养功能来实现高效性，产品创新忽视了对根系的调控和促进根系吸收养分提高肥效的作用。将促进根系生长和提高根系吸收活性的功能因子与氮肥复合，使肥料产品本身具有调动根系吸收养分的功能，有利于实现氮肥的高效利用（袁亮等，2014b；赵秉强，2016）。大量研究证明，将化肥产品在作物生长盛期施用，氮肥利用率高，这也是发挥了生长盛期作物根系综合吸收能力强的特点，通过发挥根系吸收的功能来实现氮肥产品的高效利用。当然，如果新产品本身具有调控和调动根系吸收养分的功能，那么，产品通过促进根系吸收来实现氮肥高效利用的效果会更好。

（3）优化移动和分布，实现氮肥产品高效化。氮肥施入土壤后并不仅仅是在原位被作物直接吸收利用，大部分通过转化和迁移，分布在不同深度的土体中，通过水—肥—根的耦合，从整个土体中供应作物氮素养分。氮肥养分能否被作物高效吸收利用，关键在于水—肥—根在时间和空间上的耦合特征（赵秉强，2016）。作物生长发育过程中，不同层次土体中的水分状况不断发生时空变化，与此同时，根系的数量和活性也在土体中不断发生时空变化（赵秉强等，2003a；2003b）。因此，氮肥施入土壤后，如果水肥不能耦合，根系无法有效吸收养分；水肥与根不能耦合，水肥没有分布在根层内，作物也无法吸收到养分；水根耦合，但没有肥料，作物当然也吸收不到肥料养分。据此，氮肥产品养分在土体中的移动与分布，在时间和空间上要有利于实现水—氮—根的高效耦合，产品养分才能被高效吸收利用。尿素和硝态氮在土体中具有很强的移动性，通过创新技术手段，创制的新产品能很好地优化氮素养分的移动性和分布，实现水—肥—根的高效耦合，将有利于改善氮肥的吸收利用，降低淋洗损失的风险。

总之，氮肥活性高、损失大，是影响产品高效性的主要矛盾。因此，氮肥有效养分高效化产品创新遵循的原则是"降活性、优供应、促吸收、控损失"。但是，在实际应用中，控损失和优供应要协调统一，降活性、控损失不能影响供肥性，否则，控损失就失去了实际意义。在氮肥高效产品创新中，优供应、促吸收、强利用应当是创新的首要原则，只要吸收利用率高了，损失也就少了。如果将控损失作为产品创新的首要原则，忽视了供肥性，导致减产，最终损失可能也没有控制住，事倍功半。

2.1.2 氮肥有效养分高效化产品创新的技术策略和产业途径

根据氮肥有效养分高效化产品创新的"降活性、优供应、促吸收、控损失"增效理论，将增效理论转化为技术策略和产业途径，创制高效氮肥新产品，实现氮肥产品有效养分高效化产品升级。

2.1.2.1 包膜缓释技术策略与产业途径

将速溶速效性氮肥采用包膜或其他控制方式，用于调控养分的释放速率、优化养分释放与供应的技术，通常称作氮肥缓释技术，创制的产品称为缓释/控释肥料。缓释氮肥产品按照作物的需要供应养分，做到既充足又不过量，具有"降活性、优供应、控损失"的效果，肥效得到显著改善。试验证明，缓释氮肥因避免了土壤过高浓度矿质氮的存在，氨挥发、氧化亚氮排放以及硝态氮淋洗损失均显著减少（Weil and Brady，2017）[638-639]。控制速溶速效性氮肥养分缓慢释放的工艺技术主要有树脂包膜、硫包衣、枸溶性肥料包裹、有机质包膜等（许秀成等，2000；赵秉强等，2013a；Trenkel，2010），这些缓释技术都已实现了产业化，缓释肥料产业已经形成。缓释肥料利于减少施肥次数，实现一次性施肥。

氮肥缓释技术最大的风险是养分缓释过度或不足。缓释过度，容易造成供肥强度不足，导致作物减产；缓释性不足，起不到降活性、优供应、控损失的效果。上述情况，在实际生产中应引起高度重视。

2.1.2.2　生化抑制技术策略与产业途径

无论是旱田还是稻田土壤，氨挥发、氮氧化物等气态损失在氮肥损失中占有相当大的比重。控制尿素氮肥在土壤中的转化活性，抑制硝化和反硝化的生化过程，可起到减少氮素气态和淋洗损失的作用。对氮素转化的生物化学过程进行调控，实现减少氮素气态损失的技术策略，实践中主要通过脲酶/硝化抑制剂的技术途径来实现，形成的肥料产品叫做稳定性肥料（武志杰和陈利军，2003；赵秉强等，2013a）。脲酶抑制剂（如正丁基硫代磷酸三胺，NBPT）主要通过抑制土壤脲酶的活性，减缓尿素在土壤中由酰胺态氮向铵态氮的转化速率，降低土壤中铵离子的浓度和氨的分压，减少氨挥发损失，并通过增产作用对肥料成本增加起到一定的补偿作用（Weil and Brady，2017）[638]。硝化抑制剂主要是抑制亚硝化细菌的活性，阻止硝化作用的第一步，即由铵离子（NH_4^+）转化为亚硝酸盐（NO_2^-），减缓铵离子（NH_4^+）向硝态氮（NO_3^-）的转化速度，保持土壤中铵离子的浓度供作物吸收利用，同时减少反硝化过程中温室气体（N_2O和NO）的排放，减低硝酸盐（NO_3^-）的淋失风险。双氰胺（DCD）、3,4-二甲基吡唑磷酸盐（DMPP）等硝化抑制剂已经成功进入市场，添加到尿素或铵态氮肥中起到硝化抑制作用，制成含硝化抑制剂的稳定性肥料。应用脲酶/硝化抑制剂技术开发的稳定性类肥料已经实现产业化。

气态损失是影响氮肥高效利用的主要矛盾。但是，氨挥发和硝化—反硝化过程有着共同的源"铵"，因此，这两种损失途径之间存在着内在联系，当采取技术措施减少一个过程的损失时，可能会促进另一过程的损失增加，例如，控制硝化—反硝化损失过程，可能带来氨挥发损失的增加。因此，生化抑制降低氮素气态损失，要根据不同农田的土壤、作物、气候特点以及氮素损失的主要矛盾，精准施策，才能收到好的效果。如果作物立地的土壤pH值高、温高、干燥，氨挥发是氮肥损失的主要矛盾，那么尿素氮肥采用脲酶抑制技术，就可能收到较好的效果；如果酸性土壤、高温、嫌气农田，反硝化是氮素损失的主要矛盾，采用硝化抑制剂技术可能效果良好。另外，铵离子是作物吸收的氮源，也是产生硝态氮的重要来源，采用脲酶抑制剂延缓尿素水解抑制氨挥发时，会影响到氮的供肥性，因此，如果调控不当，尤其在低温地区或低温季节作物上，可能会因供肥强度不足而导致减产。

2.1.2.3　合成微溶技术策略与产业途径

除了尿素包膜缓释技术外，将尿素和醛类物质反应制成溶解性显著降低的脲醛类肥料，也是尿素氮肥降活性、优供应、控损失的一项重要技术策略。脲醛类肥料主要包括脲甲醛肥料（尿素与甲醛反应制得，UF）、异丁叉二脲（尿素与异丁醛反应聚合而成，IBDU）、丁烯叉二脲（尿素与乙醛反应制成，CDU）等。其中，脲甲醛肥料应用最多。脲甲醛肥料，根据对产品溶解性的不同要求，调控尿素与甲醛不同的摩尔比（U/F），使尿素与甲醛通过加成（碱性条件）和缩合（酸性条件）反应，最终形成由游离尿素和水溶性不同的羟甲基脲、亚甲基二脲、二亚甲基三脲、三亚甲基四脲、四亚甲基五脲、五亚甲基六脲等反应物组成的混合物（赵国钧等，2001；许秀成等，2009；何佩华等，2011；

赵秉强等，2013a）。脲醛肥料施入土壤后，不同成分依靠化学或微生物分解释放氮素，其中，分子链越长，溶解性越差，分解也越慢，肥效就越长。脲醛类肥料在土壤中的溶解和转化活性显著低于尿素，不仅肥效持久，而且氮素气态和淋洗损失都较普通尿素明显降低（赵秉强等，2013a）。脲醛类肥料已经实现了大面积产业化。

合成微溶技术策略需要氮肥降活性/控损失与养分优化供应有机统一，在降活、控损的同时，保证养分供应，才能真正实现产品的高效性。

2.1.2.4 有机生物活性增效载体配伍技术策略与产业途径

利用微量高效生物活性有机增效载体与氮肥科学配伍，实现对"肥料—作物—土壤"系统综合调控，达到"促吸收、降活性、优供应、减损失"的目的，赋予产品有效养分高效化利用特征。技术途径：利用腐植酸类、海洋生物提取物、氨基酸类、微生物代谢产物等天然或植物源材料，运用现代生物发酵、萃取、结构化学、生物信息学等先进工艺制备技术，将其制成具有微量高效特征的氮肥专用生物活性有机增效载体，与尿素等普通氮肥科学配伍，开发高效氮肥新产品（赵秉强，2016）。利用微量高效生物活性有机增效载体与氮肥科学配伍开发的高效氮肥新产品叫做增值肥料，例如，含有微量高效腐植酸增效载体的高效尿素产品称作腐植酸增值尿素（刘增兵，2009；赵秉强等，2013b；赵秉强等，2013c；袁亮，2014a），增效载体含量通常为0.1%～0.5%，增值尿素的含氮量不低于46%，符合尿素含氮量国家标准（GB/T 2440—2017）。因腐植酸增值尿素颜色是黑色的，常被称为"黑尿素"（Black Urea）。生物活性增效载体与氮肥结合后的新产品，不仅氮肥的转化、移动、供肥性等发生改变，而且新产品具有促根和调动根系吸收养分的功能，同时新产品的肥际土壤环境也与普通氮肥不同，实现了对"肥料—根系—土壤"的系统综合调控，大幅度改善氮肥肥效（刘增兵，2009；袁亮，2014a；张水勤，2018；周丽平，2019）。增值尿素已大面积实现产业化，形成新产业（HG/T 5045—2016，HG/T 5049—2016）。

优供应、促吸收、强利用是产品创新的首要原则。生物活性有机增效载体在增值氮肥新产品中调控、调动和增强根系的吸收能力，优化养分转化、运移和分布，改善肥际环境，实现对"肥料—根系—肥际环境"的系统性调控，更大幅度提高氮肥利用率。

2.1.2.5　养分形态配伍技术策略与产业途径

氮肥不仅产品类型丰富（第1章表1-2），养分形态也具多样性（酰胺态氮、铵态氮和硝态氮）。不同养分形态的氮素在土壤中的转化、运移和损失途径等各不相同，适应的土壤—作物—气候生态系统也各不相同，将不同形态的氮肥产品科学配合，例如，尿素与硝酸铵配制成尿素硝铵溶液（UAN）、尿素与氯化铵配制成脲铵氮肥（包含酰铵态氮和铵态氮），使产品中的氮素养分形态多样化，氮源之间相互协同增效，具有改善肥效、减少损失和提高产量的效果（张亚林，2016；徐丽萍，2019）。尿素硝铵溶液（Urea Ammonium Nitrate Solution，UAN）是包含酰铵态氮、铵态氮和硝态氮3种氮素养分形态的液体氮肥产品，主要由尿素、硝酸铵和水制成，全世界每年消费量2 000多万吨，主要应用在美国，占全球的70%。我国最近几年开始发展UAN产品，并制定了尿素硝铵溶液农业行业标准（NY 2670—2015），规定产品总氮含量≥28.0%，其中，酰铵态氮≥14.0%、硝态氮≥7.0%、铵态氮≥7.0%。UAN产品与水肥一体化结合施用，具有应用前景。脲铵氮肥（Urea-ammonium Mixed Nitrogen Fertilizer）是由尿素和氯化铵通过一定的加工工艺制成的包含酰铵态氮和铵态氮的复合氮肥产品，我国于2011年发布了脲铵氮肥化工行业标准（HG/T 4214—2011），以规范产业发展，规定总氮含量≥26.0%，其中，尿素态氮≥10.0%、铵态氮≥4.0%。另外，沈兵（2013）研究表明，在制定作物专用复合肥配方时，针对不同作物选择不同氮素形态配比可以提高氮素利用率。在南方酸性土上，硝化作用比较弱，使用含有硝态氮的复合肥的肥效好于纯铵态氮；东北黑土上，在春季含有硝态氮的复合肥的肥效也好于尿基，因为东北黑土春季气温比较低，尿素的转化需要一定时间，铵态氮由于黑土有机质比较高，固定的相对多，肥效慢，而含硝态氮的复合肥利用率相对比较高。在日本北海道地区，与东北气温接近，其作物专用肥除了水稻以外，几乎全部含有硝态氮。

2.2　磷肥有效养分高效化产品创新的理论、技术策略和产业途径

磷是作物的必需营养元素，也是肥料的三要素之一。在所有必需营养元素中，磷对陆地和水生生态系统的生产力和健康的影响仅次于氮（Weil and Brady，2017）[661]。磷是植物体内能量化合物三磷酸腺苷（ATP）的组成元素，植物对养分的吸收、运输和同化等过程都需要由ATP提供能量；同时，磷也是植物体内核酸、核蛋白、磷脂、植素等重要有机物的组成元素，在植物遗传及体内碳水化合物、蛋白质和脂肪等代谢过程中都发挥着重要作用。磷是生物的生命元素，在健康植物中，叶片组织磷含量通常为干物质的0.2%～0.4%，约为相应氮含量的1/10（Weil and Brady，2017）[662]。植物体内的磷素含量低于氮素，作物吸磷量（P_2O_5）为氮素（N）的1/3～1/2，但作物缺磷，影响细胞分裂及体内正常的碳、氮等代谢过程，生长慢、发育迟、抗逆性差，植株矮小，严重影响产量和品质。磷素在植物体内移动性强，缺磷时，磷会从老的叶片或组织转移到新生叶片或代谢旺盛的组织中，因此，缺磷症状一般首先表现在老的组织器官上。

土壤中的磷含量较低。全球范围内，土壤全磷（P）含量大致在0.2～5.0克/千克范围内（平均约0.5克/千克），我国土壤全磷含量多在0.2～1.1克/千克范围内（鲁如坤，1998）[152]。一般情况下，土壤全磷含量只有全氮含量的1/2、全钾含量的1/20。其次，土壤中的磷绝大多数是难溶性的，植物有效性很低。施用磷肥是保障土壤磷素充足供应获得作物高产

优质的重要措施。长期试验监测结果表明，我国主要类型土壤上一般连续2~3年不施磷肥大都就会出现明显减产（赵秉强等，2012）[15]。化学磷肥主要产自磷矿石，通过无效养分有效化产品创新过程创制的磷肥产品类型主要包括磷铵、普钙、重钙、硝酸磷肥等正磷酸盐肥料（第1章表1-3）。这些常规磷肥产品中的磷水溶性好、可被作物吸收利用，但施入土壤后，因固定强、移动差，当季利用率只有10%~25%，大部分残留在土壤中，尤其长期过量施用磷肥，导致土壤磷库过大，容易带来环境风险。因此，磷素的农田管理既要保证供应满足高产需求，又要控制其环境风险。磷矿是不可再生的资源。

2.2.1　磷肥有效养分高效化产品创新的理论

2.2.1.1　磷肥的利用、固定和移动

无论何种磷肥品种，施入土壤后，磷素在土壤中主要以$H_2PO_4^-$和HPO_4^{2-}正磷酸盐形态被植物吸收。磷肥施入土壤后的去向主要包括作物吸收、土壤残留和损失。磷肥的特点是损失少、残留多、当季利用率很低。这些特点都与磷肥在土壤中易固定、移动性差有着密切的关系。磷肥除了随土壤侵蚀和径流损失外，气态和淋洗损失都较少。

（1）磷肥利用。施用磷肥的当季利用率多用差减法测算，为表观利用率。该方法一般通过田间试验进行，简单方便。尽管磷肥的表观利用率受到作物类型、施肥量、肥力水平、施用方法等诸多因素的影响，但各地的试验结果都表明，磷肥的当季利用率很低，大多在10%~25%范围内，明显低于氮肥（30%~40%）和钾肥（40%~50%）。中国科学院南京土壤研究所对全国849个大田试验结果的统计表明（鲁如坤，1998）[199]，水稻磷肥当季利用率变幅为8%~20%，平均14%；小麦为6%~26%，平均10%；玉米10%~23%，平均18%；棉花4%~32%，平均6%；紫云英9%~34%，平均20%。上述5种作物磷肥的当季利用率总平均为13.6%。磷肥的吸收利用受土壤磷素水平高低的影响较大。相同施

磷量下，差减法测定的丰磷土壤的磷肥当季利用率通常低于贫磷土壤。英国洛桑实验站研究结果表明（鲁如坤，1998）[199-200]，大麦在洛桑区土壤（土壤磷素水平低）磷肥的表观利用率（10年平均）为24%；而在Woburn区（土壤磷素水平较高）则为7%，二者差17个百分点。然而，同量磷肥，尽管丰磷土壤的磷肥当季表观利用率看起来低于贫磷土壤，但丰磷土壤上作物的产量水平却明显高于贫磷土壤（沈善敏，1998）[235-236]，这说明了磷肥培肥的重要性。因此，贫磷土壤为获得作物高产和培肥的双重效果，往往采用超量施肥（施磷量超过随作物收获移出农田的磷量）的措施，直到磷素累积到土壤固磷能力开始下降为止（Weil and Brady，2017）[674]。当土壤固磷能力开始下降时，再超量施用磷肥，可能会带来较大环境风险。当施肥培育的丰磷土壤磷库足够大时，施磷肥可能没有增产效果，这时用差减法测算的磷肥表观利用率则很低甚至为零，但这并不意味着当季施入土壤的磷肥没有被作物吸收。利用差减法测算磷肥表观利用率的影响因素较多，可能因条件不同而产生较大的误差。利用同位素技术研究磷肥的利用率，结果可能更可靠一些。但是，^{32}P磷同位素的半衰期短、放射性强，用来研究肥料利用率的普遍性远不及稳定性同位素^{15}N。然而，无论如何，磷肥当季作物利用率很低应当是一个不争的事实。通常认为，土壤对磷肥的固定是导致磷肥当季利用率低的主要原因。

施入土壤的磷肥因固定作用而残留在土壤中，这些残留的磷素会被后茬作物继续吸收利用，这便是磷肥的残效。我国20世纪80—90年代，在北方土壤上（垆土、碳酸盐褐土、潮土、石灰性土壤、黑土等）曾进行过大量的磷肥后效和施用方法的研究（沈善敏，1998）[254-261]，结果表明，在石灰性和中性土壤上，磷肥具有明显的残效，一次施用磷肥（P）（30~60千克/公顷）其残效可持续4~5年，如果施磷量再提高，残效期会更长。同时，试验结果也表明，每年施用小剂量磷肥比若干年施用一次大剂量磷肥的产量稍高，但二者差异并不是十分明显。但是，一次施磷的剂量不宜过大，以2~3季的施磷量之和为宜（时正元等，1995），否则会影响肥效和产量。时正元等（1995）研究表明，在南方固磷能力很强的红壤上，磷肥也有明显的后效。尽管磷肥当季利用率很低，但由于持久后效的存在，其积累利用率并不低。在我国塿土上一次施磷肥的积累利用率研究结果表明（李祖荫，1988），冬小麦一次分别施用磷肥（P）17.7千克/公顷、35.3千克/公顷、70.6千克/公顷和141.3千克/公顷，磷肥的当季利用率分别为47%、34%、19%和10%；到第五季时，积累利用率分别达到90%、73%、55%和34%。在东北黑土磷肥积累利用率的研究表明（张素君等，1994），玉米—大豆—小麦轮作下，一次施用磷肥（P）分别为18.75千克/公顷、37.5千克/公顷、75.0千克/公顷和150.0千克/公顷，第一季作物（玉米）的磷肥当季利用率分别为19%、10%、8%和3%；到第六季时积累利用率则分别达到97%、53%、37%和18%。在固磷能力强的红壤上，在第一季（花生）施磷（P_2O_5）75千克/公顷后，后续再连续种植荞麦（第二季）、萝卜菜（第三季）、花生（第四季）、萝卜菜（第五季）、花生（第六季），共计6季作物，磷肥的积累利用率达到68.7%（鲁如坤等，1995）。磷肥积累利用率受土壤性质（固定磷特性）、作物类型、土壤磷素肥力水平等因素的影响。尤其随磷肥施用和积累态磷的增加，土壤磷素吸附位饱和度增加、固磷能力减少，相同施磷量情况下，土壤磷素的强度因素提高，有利于提高磷肥利用率。但是，当土壤积累态磷增加到一定数量，土壤有效磷增加到一定水平，作物对磷肥利用率将不再增加，甚至会下降（鲁如坤等，1995）。

（2）磷肥的固定与利用。当水溶性磷肥施入土壤后，很快与土壤中的钙、铁、铝等离子发生磷酸盐固定和沉淀反应，溶解度和有效性显著降低，并且随时间延长固定磷的溶解性进一步下降，有效性变得更低（鲁如坤，1998）[166-190]（沈善敏，1998）[241]。在石灰性和中性土壤上，形成以钙为主控制的磷转化体系，施入土壤的水溶性磷肥主要与钙反应形成磷酸钙盐系，例如，水溶性磷酸一钙施入土壤后，随时间延长的转化序列：磷酸一钙→磷酸二钙→磷酸八钙→羟基磷石灰→氟磷石灰（鲁如坤，1998）[168]，磷酸盐的溶解性和有效性不断下降。初期形成的磷酸钙盐（二水磷酸二钙和无水磷酸二钙），在石灰性土壤上大致相当于磷酸一钙效果的90%；反应中期形成的磷酸八钙，在石灰性缺磷土壤上的效果平均在50%左右；反应后期形成的磷酸钙盐，则随钙磷比的递增，其化学活性相应递减，像磷石灰一类的磷酸钙盐，在石灰性土壤上的效果通常不明显[①]。在石灰性土壤上，水溶性磷还与镁离子发生固定和沉淀反应，形成磷酸镁盐。在酸性土壤上，形成以铁铝为主所控制的转化体系，施入土壤的水溶性磷肥主要与大量的Fe^{3+}、Al^{3+}反应，形成磷钾铝石$[H_6K_3Al_5(PO_4)_8 \cdot 18H_2O]$和磷钾铁铝石$[H_8K(Al, Fe)_3(PO_4)_6 \cdot 6H_2O]$，以及无定形的磷酸铁、磷酸铝（鲁如坤，1998）[168-169]。反应初期形成的无定型磷酸铁铝盐等产物，其有效性还是比较高的，甚至可相当磷酸一钙的70%~80%[②]。这些初期反应产物，随时间延长进一步转化为化学活性更加稳定的磷酸盐化合物，磷的有效性不断降低，最终产物是磷铝石和粉红磷铁矿（鲁如坤，1998）[168-169]。稻田土壤因季节性淹水，有其不同于旱田的特殊的土壤理化性质。通常情况下，稻田淹水后其土壤理化性质的变化，有利于促进磷素的释放，磷的有效性增加；稻田土壤落干后，通常会造成磷的溶解度或有效性降低。过磷酸钙磷肥施入红壤性水稻土后，很快与铁离子发生反应而大量转化为磷酸铁盐（Fe-P），有效磷迅速下降，半年以后，大体保持在一个稳定的水平上（不种作物条件下）（鲁如坤，1998）[172-173]。

磷肥施入土壤后，除了磷化合物的化学沉淀固定外，还有土壤对磷的吸附固定作用（液相中的磷离子转入固相的过程）。土壤对磷的吸附包括专性吸附和非专性吸附两种。磷酸根离子和土壤胶体（黏土矿物或铁铝氧化物等）表面金属原子配位壳中的OH或OH_2配位体进行交换，而吸附在胶体表面上，称为专性吸附或化学吸附；在低pH值条件下，胶体质子化带正电荷，通过静电引力吸附磷离子，称为非转性吸附或物理吸附（鲁如坤，1998）[184-187]。土壤对磷的吸附以专性吸附为主。专性吸

---

①② 蒋柏藩，1994.磷肥[M]//林葆.中国肥料.上海：上海科学技术出版社：259.

附的磷酸盐，结合能较高，较难被解吸，磷的有效性较低；物理吸附的磷酸盐，结合能较低，容易被解吸，磷的有效性比较高。酸性土壤上，铁铝氧化物和1：1型黏土矿物对磷的专性吸附起到重要作用；石灰性土壤上，碳酸钙也起到对磷的吸附作用，但吸附作用显著比铁、铝弱，吸附磷的有效性较高。另外，当磷被吸附后，集中在土粒表面的磷经扩散作用被吸收进入土粒深处，形成土壤对磷的吸收作用，使磷的有效性大大降低（鲁如坤，1998）[187]。各种吸附固定也使土壤溶液中的磷浓度下降，从而降低磷的有效性。吸附固定和沉淀固定二者有时难以截然分开，它们往往是先后或同时发生的[①]（鲁如坤，1998）[183]。从实际情况看，只有在磷肥施用后很短的时间内，化学沉淀作用可能占主导地位，在以后的大部分时间里，控制土壤磷素在固、液间分配的，主要是吸附和解吸作用（鲁如坤，1998）[182-183]。

不同类型土壤的固磷能力存在较大差异。在酸性土壤上，根据我国华中地区（江西、湖南、浙江）112个标本测定（鲁如坤，1998）[180-181]，53个旱地红壤平均固定磷（P）量为448.9毫克/千克，27个水田土壤平均固磷（P）量为279.4毫克/千克。在北方石灰性土壤上，18种石灰性土壤固磷（P）量平均311毫克/千克[②]；测定的9个黄土性土壤磷（P）的固定量为85.1～697毫克/千克，而江西红壤则为914.2毫克/千克[③]。石灰性土壤的固磷量一般小于酸性土壤。土壤固磷能力的大小，主要受土壤黏土矿物、铁铝氧化物和石灰含量的影响。不断施用磷肥，土壤对磷肥的吸附位点逐渐被占据，固磷能力和固磷量下降，施入磷肥随时间延长有效性下降的速度越来越慢，磷肥的肥效也逐渐提高（鲁如坤，1998）[188]。如果通过施肥等措施投入农田土壤的磷量持续高于作物收获等带出农田的磷量，土壤磷库逐渐扩大、速效磷含量水平逐渐提高（赵秉强等，

[①] 蒋柏藩，1994.磷肥[M]//林葆.中国肥料.上海：上海科学技术出版社：259.

[②] 沈仁芳，1989.转引自：鲁如坤，1998.土壤—植物营养学原理和施肥[M].北京：化学工业出版社：81.

[③] 曹志鸿，1985.转引自：鲁如坤，1998.土壤—植物营养学原理和施肥[M].北京：化学工业出版社：181.

2012a）[206]，这便是磷肥的培肥效果。长期试验表明，对于贫磷土壤，若以作物增产和较快扩大土壤有效磷库为目标时，每季作物的磷肥（P）用量不宜低于30～40千克/公顷（沈善敏，1998）[264]。然而，长期超量施用化学磷肥或有机肥导致土壤磷库过大，磷素环境风险加大（Weil and Brady，2017）[662-663]。

由于存在土壤对磷的固定作用，通常土壤溶液中磷的浓度很低。贫磷土壤中土壤溶液磷（P）的浓度可低至0.001毫克/升，大量施用磷肥的丰磷土壤中土壤溶液磷（P）的浓度可达到1毫克/升（Weil and Brady，2017）[671]。在饱和水条件下，美国土壤溶液中养分离子浓度范围为：氮（N）12.1毫摩尔/升（酸性土壤）和13.0毫摩尔/升（石灰性土壤），磷（P）0.007毫摩尔/升（酸性土壤）和<0.03毫摩尔/升（石灰性土壤），钾（K）0.7毫摩尔/升（酸性土壤）和1.0毫摩尔/升（石灰性土壤）；欧洲土壤，磷（P）0.015～0.03毫摩尔/升，钾（K）0.1～1.0毫摩尔/升；我国太湖地区土壤，磷（P）0.001 2～0.003 0毫摩尔/升，钾（K）0.09～0.25毫摩尔/升[①]。由上看出，土壤溶液中磷的浓度远低于氮和钾，并且不在一个数量级上。小麦、大麦、大豆、马铃薯和豌豆要求的土壤溶液的最佳磷（P）浓度分别为0.01毫摩尔/升、0.005毫摩尔/升、0.005毫摩尔/升、0.04毫摩尔/升和0.03毫摩尔/升[②]。由于土壤溶液磷的浓度很低，一般情况下，当土壤溶液中的磷（P）浓度低于0.03毫克/升时，则作物供磷不足。即便是丰磷（P）土壤（溶液磷浓度0.3毫克/升），其0～30厘米土壤溶液中的总磷（P）量也只有0.2千克/公顷，满足作物一生中的需磷量需要周转100～200次（鲁如坤，1998）[154]。可见，合理施用磷肥并采取措施减少土壤对磷肥的固定，增强土壤磷素供应的缓冲能力非常重要。当土壤施入磷肥后，短时间内土壤有效磷大幅升高，但因固定作用，随后土壤有效磷含量快速下降，随时间延长下降水平逐渐趋缓，最终达到相对稳定的状态（鲁如坤，1998）[180]。土壤对磷的固定和吸附作用是导致土壤

---

① 鲁如坤，1994.施肥与环境[M]//林葆.中国肥料.上海：上海科学技术出版社：76.
② 鲁如坤，1994.施肥与环境[M]//林葆.中国肥料.上海：上海科学技术出版社：77-78.

溶液磷浓度低、影响供磷强度的主要原因。

（3）磷肥的移动与利用。土壤对磷肥的强烈固定作用，不仅导致土壤溶液中的磷浓度非常低，同时，也对磷在土壤中的移动性产生很大的影响，因此，磷酸盐离子通过扩散向根部移动的速度非常慢，限制了根系对磷的吸收（Weil and Brady，2017）[671-672]。磷酸根离子虽为阴离子，但很容易被土壤吸附，其在土壤中的扩散系数只有 $0.0005 \sim 0.001 \times 10^{-5}$ 平方厘米/秒，显著小于硝酸根（0.5×10^{-5} 平方厘米/秒）和钾离子（$0.01 \sim 0.24 \times 10^{-5}$ 平方厘米/秒）[①]。根据张广恩和阙连春（1981）利用 ^{32}P 同位素示踪研究结果，水溶性过磷酸钙磷肥施入土壤后15天内被固定达50%以上，当土壤中有效态磷与固定态磷平衡后，其固定量在50%～60%；水溶性过磷酸钙磷肥在不同类型土壤中的垂直移动距离一般在2～5厘米范围内，磷肥分布量有70%～90%集中在距施肥点0～1厘米的土层内。土壤养分的有效性，一是养分的形态必须是对植物有效的，即化学上的有效性；二是被植物吸收后实现真正意义上的生物有效性。截获、质流和扩散是植物根系获得养分的3个重要过程。研究结果表明，玉米根系获得养分，氮素主要靠质流供应，磷、钾则靠扩散[②]。在太湖地区土壤磷的供应机理研究表明，水稻：截获占0.3%～0.1%，质流占0.25%～0.5%，扩散占93%～99%；小麦：截获占0.1%～3.4%，质流占0.6%～1.3%，扩散占95%～99%[③]。土壤条件下养分的扩散系数，受到养分浓度差、土壤含水量、阻滞力、养分缓冲能力以及温度等因素的影响。由于植物从根区吸收磷的速度快于其扩散的速度，在靠近根和根毛的土壤溶液中，磷的浓度会大大降低，从而形成一个耗竭区，当遇到土壤干旱、紧实或低温等不利于磷酸盐离子在土壤溶液中扩散时，根周围的耗竭区便更明显。因此，植物根系通常生长在磷含量比土体更低的土壤溶液中。为了获得更

---

① Scoot Russell，1977. 转引自：孙曦，1980. 农业化学[M]. 上海：上海科学技术出版社：13-14.

② Ksnwar，1978. 转引自：鲁如坤，1994. 施肥与环境[M]//林葆. 中国肥料. 上海：上海科学技术出版社：80-84.

③ 鲁如坤，1994. 施肥与环境[M]//林葆. 中国肥料. 上海：上海科学技术出版社：80-81.

多的磷，根系必须不断地延伸到新的土壤区域并在那里大量生长（Weil and Brady，2017）[671-672]。

从养分的空间有效性概念看，养分的空间分布与根系空间分布的耦合性就显得十分重要。作物生长的一生中，根系的数量和活性在土体中具有明显的时空变化特征，黄淮海地区冬小麦的根系最大深度可达2米，夏玉米达1.6米，根系最大数量区和最大活性区随生长发育而不断发生时空变化（赵秉强等，2003a；2003b）。作物吸收的养分不仅来自耕层土壤，也部分来自深层土壤中。因此，养分在土壤中的合理移动与分布，有利于作物的吸收利用。磷素养分通过移动或人为措施而合理地分布于土体中，最大限度地实现水—肥—根在时空上的高效耦合，将大幅度提高磷肥效率。春小麦不同生育期在不同土层中吸收磷素的研究结果表明，孕穗期，0~90厘米土体中的总吸磷（P）量为0.345千克/（公顷·天），其中，0~30厘米土层占83.3%，31~90厘米占16.7%；开花期，0~90厘米土体总吸磷（P）量0.265千克/（公顷·天），其中，0~30厘米土层占58.8%，深层30~90厘米占41.2%；灌浆期，0~90厘米总吸磷（P）量0.145千克/（公顷·天），其中，0~30厘米土层占67.4%，深层31~90厘米占32.62%[①]。可见，深层土壤对作物吸磷贡献也很大，不可小觑。因此，增加磷的移动性，优化磷素养分在土体中的空间分布，具有重要的实践意义。中国农业科学院德州盐碱土改良实验站禹城实验基地潮土上布置的长期肥料定位试验（1986年开始）中，冬小麦—夏玉米一年两熟条件下，常量化肥处理（每季作物施肥 P_2O_5 120千克/公顷左右）0~20厘米、20~40厘米土层的全磷（P）分别为1.10克/千克、0.70克/千克，速效磷（P）含量分别为31.2毫克/千克、5.0毫克/千克；加倍施用磷肥，0~20厘米、20~40厘米土层全磷（P）分别为1.80克/千克、0.76克/千克，速效磷（P）含量分别为64.8毫克/千克、12.2毫克/千克

---

① Fleige，1981. 转引自：陆景陵，1994. 植物营养与施肥[M]//林葆. 中国肥料. 上海：上海科学技术出版社：47.

（温延臣，2016）。上述结果，一方面说明了大量施用磷肥，土壤培肥效果明显；另一方面也说明了磷肥在过量施用的情况下，有向耕层以下土壤缓慢移动的特点，20~40厘米土层不仅速效磷含量提高，全磷磷库也略有上升。

由于磷素在土壤中的移动性差，不利于为深层土壤根系供磷，生产中将磷肥深施，人为改变磷肥的土体分布，收到良好的增产效果（陈晓影等，2020）。深层根系在保障作物高产中发挥着重要作用（王飞飞等，2013）。但是，冬小麦生长前期根系分布较浅，正常供水条件下，将磷肥施入深层（20~40厘米）土壤的效果不及施入表层（0~20厘米）（苏德纯等，1998）。生产中，磷肥集中施用，既可以减少磷肥与土壤的接触而减少固定，也可以弥补磷素溶液浓度低和移动性差的不足，提高局部供磷的强度，促进吸收。当然，局部供磷也有缺陷，主要是在某种程度上限制了根系与土壤磷的广泛接触。磷肥与根系能在空间上高效耦合，是提高磷肥利用的重要条件（张广恩和阙连春，1981；苏德纯等，1998）。

（4）磷肥的损失。在自然或农田生态系统中，随植物收获移出土壤系统的磷（P）为5~50千克/（公顷·年），土壤侵蚀（含磷颗粒）带出系统的磷（P）为0.1~10千克/（公顷·年），地表径流磷移出系统的磷（P）为0.01~3.0千克/（公顷·年），淋洗损失的磷（P）为0.0001~0.5千克/（公顷·年）（Weil and Brady，2017）[675]，范围值中的高限值多属于农田生态系统。土壤磷素基本没有气态损失，淋洗损失也很少，主要损失途径是土壤侵蚀和径流。磷肥的固定作用使磷在土壤中的运动大大减弱，采取措施，减少土壤对磷肥的吸附和固定，可增加养分的移动性，对改善磷肥肥效至关重要。但磷的固定作用也使磷的淋失大大减少，所以磷素固定作用的重要性也不可忽视。

2.2.1.2 磷肥有效养分高效化产品创新的理论

常规磷肥固定退化、移动性差是制约磷素供肥性的主要矛盾，影响作物高产，导致磷肥的当季利用率非常低。因此，磷肥有效养分高效化产品创新的理论，主要是促吸收、防固定、增活性，改善供肥性，实现磷肥产品高效化。

（1）调控根系生长，促进根系吸收，实现磷肥产品高效化。磷的营养临界期一般在作物生长的前期。由于作物生长前期的根系少、不发达、吸收能力弱，加之磷肥固定强、移动差，供磷和需磷矛盾很大。如果作物生长前期温度低（如低温地区或冬、春季节生长的作物），则土壤磷素的供需矛盾会更大。将磷肥新产品中注入促进根系生长的因子，使作物在前期建立起强大的根系数量和质量（活力）系统，通过促吸收，应对磷素的供需矛盾，是磷肥有效养分高效化产品创新的根本之策和关键所在（赵秉强，2016；周丽平，2019）。作物前期根系发达，不仅有利于解决磷素营养临界期的需磷矛盾，前期高质量根系系统的建立，启动以下（根系）促上（地上部）和以上（地上部）促下（根系）的地下地上良性循环互动，有利于进一步应对和解决作物生长中期和后期磷素的供需矛盾，促进作物实现高产，大幅度提高磷肥的当季利用率。磷肥新产品强化调控和调动根吸收应对磷肥供需矛盾的策略，抓住了根系是养分吸收主体这一关键环节，强化根系主动吸收在提高肥效中的主体和关键作用，改变了过去产品创新只注重被动调控肥料本身的营养功能来改善肥效的策略。生产实践中，把磷肥集中施用在根区附近，除了有利于解决磷肥固定和移动差的矛盾外，也有利于发挥根系主动吸收的作用。

（2）防磷固定退化，保障供磷强度，实现磷肥产品高效化。因为土壤固定作用，水溶磷肥施入土壤后的有效性，随时间延长，呈现出一个由快到慢的下降过程，直至最终稳定在一个较低的水平上。大田生物试验结果表明[1]，磷肥施入土壤1年后，肥效下降了42%，2年下降了62%，3

---

[1] Devine et al.，1968. 转引自：鲁如坤，1998. 土壤—植物营养学原理和施肥[M]. 北京：化学工业出版社：180.

年下降了80%，即磷肥施入土壤3年后，其肥效只相当于新施同种等量磷肥的1/5。下降速度和程度，主要决定于土壤对磷的固定能力大小。采取技术措施，减少磷肥在土壤中的固定退化，抑制施肥后有效磷的快速下降过程，保障供磷强度，改善供肥性，满足营养临界期作物需磷。减少磷肥固定，也使土壤后续供磷强度维持在较高水平，满足作物中期和后期对磷的吸收利用。另外，由于土壤磷的固定作用，残留土壤中的肥料磷转化为土壤有效磷的比例大都不超过15%（沈善敏，1998）[247-248]。磷肥防固定措施，还有可能提高残留肥料磷转入土壤有效磷磷库的比例。生产中，通过超量施用磷肥、培育宏大磷库，使土壤对磷肥的吸附位逐渐被占据，从而降低土壤固磷能力和固磷量，提高供磷强度，改善肥效的做法，可能存在一定的环境风险。

（3）增强磷素移动性，优化养分分布，实现磷肥产品高效化。磷素在土壤中移动性差，扩散系数低，容易使根际周围土壤溶液中被吸收的磷素得不到及时补充，导致根际供磷不足，不能满足根系对磷的吸收需求。另外，磷素移动性差，也限制了磷肥在土体中的优化分布，使肥料与根系分布的匹配性差，养分空间有效性不利于根系对肥料的吸收。磷肥产品创新，采取技术措施，增强肥料磷在土壤中的移动性，使根际土壤溶液中的磷素得到及时补充，改善供肥性；与此同时，通过提高磷肥的移动性，优化其在土体中的分布，扩大供磷范围，促进磷与根系时空耦合，改善作物对磷肥的吸收利用，利于获得高产。长期施用磷肥培育的丰磷土壤，即使当季不施磷肥，作物产量依然可超过当季施用足量磷肥但原本是贫磷的土壤。这种现象被认为，长期施用磷肥建立的丰磷土壤中，有效磷分布在耕层土壤中的各个部位，有利于作物根系吸收；而当季施用的磷肥主要集中在施肥部位，限制了根系吸磷的空间范围，不利于作物高产（沈善敏，1998）[236]。生产中，磷肥深施是一种人为改变磷肥空间分布、扩大供磷范围、改善肥效的措施（沈善敏，1998）[236]。

总之，磷肥易固定、移动性差，导致供磷强度不足、养分空间有效性差，是影响产品高效性的主要矛盾。因此，磷肥有效养分高效化产品创新的原则是"促吸收、防固定、增移动、优供应",其中,主动调控根系促进吸收是磷肥高效产品创新的关键。磷肥产品创新,只有实现对"肥料—作物—土壤环境"的综合调控,才能大幅度改善肥效,提高磷肥当季利用率。

2.2.2 磷肥有效养分高效化产品创新的技术策略与产业途径

根据磷肥有效养分高效化产品创新的"促吸收、防固定、增移动、优供应"增效理论,将增效理论转化为技术策略和产业途径,创制高效磷肥新产品,实现磷肥产品有效养分高效化产品升级。

2.2.2.1 有机生物活性增效载体配伍技术策略与产业途径

利用腐植酸类、海洋生物提取物、氨基酸类、微生物代谢产物等天然或植物源材料,研发具有微量高效功能的磷肥专用的生物活性有机增效载体,与水溶性磷肥科学配伍,使肥料新产品具有"调控根系生长、促进根系吸收,防磷固定退化、保障供磷强度,增强磷素移动性、优化养分分布"的功能,实现磷肥产品有效养分高效化(赵秉强,2016;2019)。利用微量高效生物活性有机增效载体与磷肥科学配伍开发的高效磷肥新产品叫做增值磷肥,例如,含有微量高效腐植酸增效载体的高效磷铵产品称作腐植酸增值磷铵(赵秉强等,2015;赵秉强,2016)。增值磷铵中增效载体的含量通常为0.1%~0.5%,产品含磷量基本不受影响,符合磷铵含磷量的国家标准(GB/T 10205—2009)。因腐植酸增值磷铵颜色是黑色的,常被称为"黑磷铵"(Black MAP/DAP)。含腐植酸增值磷铵(磷酸一铵、磷酸二铵)和含海藻酸增值磷铵(磷酸一铵、磷酸二铵)已经颁布实施了国家化工行业标准(HG/T 5514—2019,HG/T 5515—2019),增值磷铵已经大面积实现产业化,形成新产业。

"促吸收、防固定、增移动、优供应"是高效磷肥产品创新的理论基础,生物活性有机增效载体在增值磷肥新产品中发挥调控、调动和增强根系吸收能力的作用,以及防固定、增移动保障供磷强度能力的作用，实现对"肥料—根系—肥际环境"的系统性综合调控，更大幅度提高磷肥利用率。磷肥有效养分高效化产品创新，调控根系生长、促进根系吸收，应是实现磷肥产品高效化的关键所在。

2.2.2.2　正磷酸盐和聚磷科学配伍技术策略与产业途径

肥料用聚磷酸铵（Ammonium Polyphosphate），是正磷酸铵和多种聚磷酸铵混合而成的磷酸铵类复合肥料，其聚合形态主要包括焦磷酸铵、三聚磷酸铵和四聚磷酸铵，另有少量的聚合度更高，链更长的聚磷酸铵[①]。肥料用聚磷酸铵分为固体和液体两种剂型，其通式为$[(NH_4)_{(n+2)}P_nO_{(3n+1)}]$。聚磷酸铵pH近中性，具有溶解度高、螯合阳离子、不易被土壤固定、移动性强、肥效长等特点（林明和印华亮，2014），与正磷酸盐进行科学配伍，可有效减少磷固定，保障磷的供应强度，利于实现磷肥产品养分高效化。聚磷酸铵在土壤中被水解成正磷酸盐后才能被作物吸收利用，具有缓效性，因此，如果聚磷酸铵配伍比例过高，不能满足作物生长前期磷素需求；如果配伍比例过低，则起不到明显的防磷固定、增强移动、扩大供磷范围等优化磷素供应的作用。因此，应根据作物种类、土壤类型、气候特点等因素，科学配伍肥料中正磷酸盐和聚磷酸盐的比例，从而达到优化肥料磷素供应的目的。

聚磷酸铵于1965年由美国孟山都公司首先开发成功（汪家铭，2009）。当前，美国有130多家工厂生产肥料用聚磷酸铵产品，年产量达到150万吨，主流产品有热法生产的11-37-0和湿法生产的10-34-0等产品，聚合率70%左右，聚合度分布一般为1~10，其中，正磷酸盐含量约占25%。生产肥料用聚磷酸铵的工艺技术有多种（焦立强等，2009），诸如磷酸与尿素缩合法、磷酸铵盐尿素缩合法、聚磷酸氨化法、正磷酸铵脱水聚合法以及磷酸铵与五氧化二磷聚合法等。美国多以多聚磷酸铵化法生产肥料用聚磷酸铵。我国于20世纪80年代开始研发聚磷酸铵技

---

① 奚振邦，1996. 多磷酸铵[M]//孙曦. 中国农业百科全书·农业化学卷. 北京：农业出版社：51.

术，产品主要用作阻燃剂（汪家铭，2009）。过去10年间，我国肥料用聚磷酸铵技术发展很快，生产工艺也多种多样，装置规模大都不超过5万吨/年。目前，国内已有11-37-0、10-34-0等与美国进口产品相似的聚磷酸铵产品。据估计，目前我国肥料用聚磷酸铵年产量大概有30万吨左右，还有少量出口。聚磷酸铵价格较高，大概是普通磷铵产品价格的3倍左右，因此，聚磷酸铵主要用在价格较高的高端水溶肥上。随着我国聚磷酸铵产能不断扩大，产品标准化研究亟待加强，肥料用聚磷酸铵化工行业标准制定已于2018年获得批准立项，产品标准不久将会颁布实施，这将对我国聚磷酸铵肥料产业的健康发展起到重要推动作用。

2.3 钾肥有效养分高效化产品创新的理论、技术策略和产业途径

钾是植物吸收量仅次于氮而位居第二的必需营养元素，也是继氮、磷或硫之后位居第三或第四位限制植物生产力的必需营养元素（Weil and Brady，2017）[695]。尽管钾在植物代谢过程中发挥着重要作用，但它却不是植物体内重要有机物的结构组成元素。钾在细胞内以离子形态存在，主要功能是作为细胞酶的活化剂，调节细胞代谢过程。钾素具有促进光合、糖代谢、蛋白质合成以及提高植物抗逆性等重要生理功能，常被称为"品质"和"抗逆"元素。植物需钾量较大，大多数植物正常、健康的叶片组织中，钾含量在1%～4%范围内，与氮接近，但比磷高一个数量级。作物吸钾量（K_2O）量与氮（N）相当，是磷（P_2O_5）的2～3倍。作物缺钾，叶尖和叶缘出现黄化、坏死，影响光合作用；缺钾影响作物体内碳水化合物运输和淀粉合成，籽粒不饱满，影响品质和产量；缺钾容易导致作物抗逆性（抗旱、抗寒、抗倒伏、抗病等）下降，不利于高产。钾在植物体内移动性很强，作物缺钾症状首先表现在老的叶片上（Weil and Brady，2017）[698]。

土壤全钾含量较高。我国主要农业土壤全钾含量为0.22%～2.72%，

平均约1.44%[1]。华北潮土冬小麦—夏玉米两熟制农田长期肥料定位试验监测结果显示，长期氮磷钾配合施肥（每季作物投入K_2O为75千克/公顷），0～20厘米耕层土壤全钾含量为1.97%，是全氮（0.095%）的20.7倍、全磷（0.11%）的17.9倍（温延臣，2016）。土壤全钾含量虽然很高，但其中90%～98%是结构钾（几乎无效），2%～8%是缓效钾（缓慢有效），只有0.1%～2%是速效性钾（水溶性钾和交换性钾），可被植物直吸收利用[2]（Weil and Brady，2017）[699]。我国幅员辽阔，因成土母质和风化条件不同，从南到北，土壤的含钾量和供钾能力存在显著差异。整体看，我国广大的南方地区普遍缺钾，东北和西北地区土壤相对富钾，华北地区土壤钾含量居中。我国20世纪80年代末、90年代初开始的长期肥料监测试验结果表明（赵秉强等，2012a）[15]，南方土壤（重庆紫色土水稻、湖南红壤旱地），连续3～5年不施钾肥，作物产量将受到影响；在北京褐潮土、河南潮土上，连续10年左右不施钾肥可保证作物产量没有明显下降，但10年以后作物明显减产；东北黑土上，连续14～15年不施钾肥，可保证作物不减产，但之后应注意补充钾肥投入；在土壤富钾的新疆灰漠土和陕西黄土上，可连续15年以上不施用钾肥，作物产量不减。

目前，在我国农业生产中，钾肥施用已经非常普遍，已成为保障作物高产和持续高产的重要措施。化学钾肥主要产自可溶性钾盐矿，利用不同工艺加工生产的钾肥产品主要包括氯化钾、硫酸钾和硝酸钾等（第1章表1-4）。这些常规水溶性钾肥，因受淋洗损失和土壤固定等因素的影响，它们的作物当季利用率大概只有40%～50%。因此，开展钾肥有效养分高效化产品创新，提高钾肥产品的养分利用率，对节约钾肥资源和提高农业效益具有重要意义。

---

① 谢建昌，1998. 土壤钾素和钾肥的有效施用[M]//鲁如坤. 土壤—植物营养学原理和施肥. 北京：化学工业出版社：210-211.

② 谢建昌，1998. 土壤钾素和钾肥的有效施用[M]//鲁如坤. 土壤—植物营养学原理和施肥. 北京：化学工业出版社：217.

2.3.1 钾肥有效养分高效化产品创新的理论

2.3.1.1 钾肥的利用、淋失和固定

钾肥在土壤中以K^+的形态被作物吸收。施入土壤中的钾肥的去向主要包括作物吸收、土壤残留和损失。由于作物吸钾量多（与氮相当，显著高于磷），每年随作物收获带出农田的钾量很大，要维持土壤钾平衡和获得作物持续高产，就需要将秸秆还田或不断施用含钾肥料。钾肥和磷肥一样，一般不存在气态损失，但钾肥因灌溉或降水而容易产生淋洗损失（Weil and Brady，2017）[701]。另外，钾肥施入土壤后，容易被2∶1型黏土矿物固定，不利于作物吸收利用。钾与氮、磷不同，流失进入水体系统后，一般不引起水体富营养化，但钾肥是宝贵资源，大量损失不仅造成资源浪费，而且也对农业生产效益产生负面影响。

（1）土壤钾的供需和钾肥利用率。土壤钾库较大。在表层土壤（0~15厘米）中，典型土壤全钾（K）、全磷（P）和全氮（N）总量，在湿润地区分别为38 000千克/公顷、900千克/公顷和3 500千克/公顷，在干旱地区分别为45 000千克/公顷、1 600千克/公顷和2 500千克/公顷（Weil and Brady，2017）[45]。土壤钾库是磷库的28~42倍、氮库的11~18倍。尽管土壤钾库很大，但土壤溶液中钾的数量和氮、磷一样，都非常少、占比很低。典型土壤溶液中的钾（K）、磷（P）、氮（N）量，在湿润地区分别为10~30千克/公顷、0.05~0.15千克/公顷、7~25千克/公顷，在干旱地区分别为15~40千克/公顷、0.1~0.2千克/公顷、5~20千克/公顷（Weil and Brady，2017）[45]。土壤溶液中的钾量只有作物需钾量的1/10左右，绝大部分土壤钾处于不溶和相对无效的状态。由于成土母质和风化条件的不同，我国从南到北不同地带土壤钾库大小和供钾能力存在较大差异。根据谢建昌总结归纳[①]：土壤速效钾含量（K，毫克/千克）<33，钾肥反应极明显；33~67，施用钾肥一般有效；67~125，在一定条件下

---

① 谢建昌，1998. 土壤钾素和钾肥的有效施用[M]//鲁如坤. 土壤—植物营养学原理和施肥. 北京：化学工业出版社：243.

钾肥有效，肥效大小因作物、其他肥料配合、耕作制度和缓效钾量等因素而异；125～170，施钾肥一般无效；>170，不需要施用钾肥。目前，我国南方湿润地区土壤几乎普遍缺钾，施钾具有普遍性，钾肥施用量也较大。气候相对干燥的北方地区，尤其是西北和东北地区的土壤相对富钾，可不施钾或少施钾肥。但是，北方相对富钾土壤由于农田土壤钾素长期入不敷出，收支处于负平衡状态，土壤供钾能力也不断下降，对作物持续高产不利（赵秉强等，2012a）[225]。目前，我国北方地区钾肥施用也越来越普遍，为获得高产，含钾量高的15-15-15（$N : P_2O_5 : K_2O$）复合肥在北方冬小麦上被大量应用，26-5-10配方专用复合肥在北方夏玉米上应用也很普遍。

钾肥施入土壤的利用率，多用差减法测算。在我国南方地区，江苏沿江新成土上杂交粳稻钾肥的利用率为60%左右（黄东迈等，1992）。广东省1949—2010年水稻试验结果汇总分析，水稻钾肥利用率在3.94%～88.96%范围内，平均为44.46%（董稳军等，2012）。在湖南长沙县干杉镇第四纪红色黏土发育的水稻土（粉质轻黏土）双季稻田开展连续定位5年的试验结果表明，不同钾肥用量K1（早稻K_2O 84千克/公顷、晚稻K_2O 105千克/公顷）、K2（早稻K_2O 120千克/公顷、晚稻K_2O 150千克/公顷）、K3（早稻K_2O 156千克/公顷、晚稻K_2O 195千克/公顷）和K4（早稻K_2O 192千克/公顷、晚稻施K_2O 240千克/公顷）处理早稻/晚稻的钾肥利用率分别为41.2%/76.4%、39.1%/62.4%、36.2%/48.8%和32.1%/41.0%，随施钾量提高而利用率下降（鲁艳红等，2014）。在缺钾的宁镇丘陵白土及太湖平原低位白土上的钾肥试验结果表明，不同用量（氯化钾150千克/公顷、300千克/公顷、450千克/公顷）小麦钾肥当季利用率分别为94.8%、64.8%和35.7%；4～6季稻麦（稻麦轮作中，每年钾肥施在小麦上）的钾肥总利用率为90.3%～98.6%（鲍士旦和徐国华，1993）。在我国北方地区，东北春玉米试验的钾肥利用率46.1%（王秀芳等，1994）；河南夏玉米（3个试验点结果统计）钾肥利用率为29.9%（张桂兰等，1994）。在河南商丘市和内黄县潮土麦棉两熟制钾肥试验结果表明，两季施钾（K_2O）总量（麦、棉各半）105千克/公顷、210千克/公顷、315千克/公顷、420千克/公顷处理，商丘市/内黄县作物（麦、棉两季）钾肥表观利用率分别为67.3%/39.2%、50.1%/38.8%、37.3%/32.4%和28.9%/25.6%（董合林等，2015）。河南西瓜钾肥试验结果表明，不同用量钾肥的利用率为28.9%~50.7%，利用率随钾肥用量增加而下降（李贵宝等，1994）。

利用定位试验研究长期施用钾肥的利用率。在我国南方地区，不同土壤类型稻田7年14季连续定位试验结果表明（陶其骧等，1994a），钾肥的累计利用率为30.3%~91.3%，缺钾土壤的钾肥利用率最高（91.3%），缺磷制约钾肥的吸收利用（利用率30.3%~56.7%）。在缺钾土壤上（缓效钾K 106.4~161.0毫克/千克，速效钾K 27.4~32.5毫克/千克），连续5年水稻的累计利用率大都在80%以上，低用量的高达95%（陶其骧等，1994b）。浙江紫泥田小麦双季稻三熟制4年定位试验（何念祖等，1995），低钾（K_2O，183千克/公顷）处理钾肥累计利用率79.71%，高钾（K_2O，322千克/公顷）处理为67.71%。广东黄泥田（速效钾K 59.9毫克/千克），1983—1992年连续10年定位试验（周修冲等，1994），氮磷钾配合施肥处理的钾肥累计利用率为59.1%。在南方富钾的重庆紫色土上，冬小麦—水稻两熟田（土壤全钾K 2.1%，速效钾K 88.2毫克/千克，缓效钾K 562毫克/千克）长期定位试验，NPK配合施肥冬小麦和水稻（1991—2001年平均）的钾肥利用率分别为29.8%和50.6%（赵秉强等，2012a）[139]；1991—2001年的11年间，NPK处理麦稻两季施钾（K）总量为1 125.0千克/公顷，作物吸钾（K）总量为1 900.2千克/公顷，测算的钾肥累计利用率（NPK-NP）为28.5%（赵秉强等，2012a）[144]。在我国北方地区，江苏花碱土地区小麦—玉米两熟田长期试验（1986—1993年）结果表明（孙庚寅等，1996），氮磷钾配施钾的平均利用率为60.4%。北京褐潮土（土壤全钾K 1.8%，速效钾K 65.0毫克/千克，缓效钾K 509毫克/千克）冬小麦—夏玉米两熟制农田长期定位试验，冬小麦（1992—2004年中9季测定）钾肥（每季投入钾素K 37千克/公顷）的平均利用率（NPK-NP）为78.86%，夏玉米（1991—2004年中11季测定）钾肥（每季投入钾素K 37千克/公顷）的平均利用率（NPK-NP）为26.8%；1991—2004年的14年间，NPK处理冬小麦—夏玉米总计投入钾肥（K）809.34千克/公顷，作物吸收总钾（K）量1 791.98千克/公顷，NPK-NP测算钾肥的累计利用率为57.66%（赵秉强等，2012a）[121]，高于氮肥（NPK-PK，48.16%）和磷肥（NPK-NK，32.56%）的利用率。

综上看出，短期和长期试验表明，我国钾肥利用率（差减法）的变幅较大，低的小于30%，高的超过90%。总体上，正常用量下，钾肥利用率40% ~ 60%，平均50%左右。我国北方富钾地区土壤钾肥利用率似低于南方低钾地区土壤。钾肥利用率与施用量关系密切，钾肥用量大，利用率则往往偏低。钾肥的当季利用率明显高于磷肥（10% ~ 25%），也高于氮肥（30% ~ 40%）。

关于钾肥后效。施用钾肥的后效与土壤类型、施肥量、固定和损失等有关[①]。在我国固钾能力较强的北方土壤（2∶1黏土矿物含量高）上，钾肥用量大时，固定多、残留量大，则后效明显。在固钾能力弱的南方地区土壤上，钾肥用量低，固定少、淋洗多时，后效不明显；钾肥用量大，残留多时，也有明显后效。钾肥的后效大小主要决定于施用钾肥在土壤中的残留量多少，而钾肥残留量则主要取决于土壤钾素的收（施肥）支（作物带出、固定、损失）平衡状况。钾肥在土壤中的活泼性低于氮肥但高于磷肥，其土壤残留性低于磷肥，但高于氮肥。

（2）钾肥的移动、淋洗损失与利用。钾离子是一个比较活泼的阳离子，其在土壤中的移动性低于硝态氮，但明显高于磷酸根。NO_3^-、$H_2PO_4^-$和K^+在水中的扩散系数（平方厘米/秒）分别为1.9×10^{-5}、0.85×10^{-5}和1.98×10^{-5}，三者基本在同一个数量级上，但在土壤中的扩散系数三者之间则差异很大，分别为$10^{-7} \sim 10^{-6}$、$10^{-11} \sim 10^{-8}$和$10^{-8} \sim 10^{-7}$，

---

① 谢建昌，1998. 中国土壤的钾素肥力及农业中的钾管理[M]//沈善敏，中国土壤肥力. 北京：中国农业出版社：324-325.

磷酸根最小，硝酸根最大，钾离子居中（比硝酸根低一个量级，但比磷酸根高几个量级）[1]。根据养分离子在土壤中扩散系数的计算公式测算，在一天时间内NO_3^-、$H_2PO_4^-$和K^+在土壤中的扩散距离分别为0.13 ~ 0.42厘米、0.001 ~ 0.04厘米和0.04 ~ 0.13厘米[2]。土壤养分向根区供应的主要方式是质流和扩散，磷和钾都是以扩散供应为主，但是钾素靠扩散供应所占的比例明显低于磷，而靠质流供应的比例却明显高于磷[3]。在中国农业科学院禹城实验基地进行的冬小麦施肥方式试验结果表明（林治安和温延臣等，2010，未发表资料），氮、磷、钾化肥表施均比耕层（0 ~ 15厘米）混施减产，其中，磷肥移动性差，表施的效果最差（比混施减产17.2%）；氮肥移动性强，表施与混施效果差异较小（减产2.3%）；而钾肥表施的效果居于氮肥和磷肥之间（比混施减产8.9%）。不同肥料品种养分在土壤中的移动性不同，对施肥方式的要求也有所不同。

钾不同于氮、磷的移动特点，使其在土体中的分布特征与氮、磷有所不同。从中国农业科学院禹城实验基地潮土定位试验（1986年开始）养分分布测定结果看（表2-1），同样高量投入化肥氮、磷、钾后，硝态氮下移累积到深层土壤中，在土壤剖面中呈倒"T"形分布，而速效磷和速效钾则仍呈明显上高下低的"T"形分布。从江西红壤性水稻土上双季稻20年定位试验不同施肥处理土壤剖面磷、钾养分分布规律看，钾在土壤中的移动性高于磷（吴建富等，2001）。灌水量和灌溉方式不同，影响钾的土壤分布，从而影响作物对钾的吸收利用（郑维民和芦宏杰，1987；张翔等，2017）。

钾的淋洗损失问题很早就受到关注（Lachower，1940）。湿润地区典型土壤种植一年生作物并且在中等施肥水平情况下，一年中钾的淋洗损失量通常可达到25 ~ 50千克/公顷，高值出现在典型的酸性沙质土壤上

---

[1] Barber，1984. 转引自：鲁如坤，1994. 施肥与环境[M]//林葆. 中国肥料. 上海：上海科学技术出版社：82-84.

[2] 鲁如坤，1994. 施肥与环境[M]//林葆. 中国肥料. 上海：上海科学技术出版社：83-84.

[3] 鲁如坤，1994. 施肥与环境[M]//林葆. 中国肥料. 上海：上海科学技术出版社：80-81.

（Weil and Brady，2017）[701]。钾的淋洗损失受降水量、土壤类型、土壤pH值、施肥等因素影响。雨量大、灌溉量大，都容易导致土壤钾素淋洗损失。质地轻、阳离子交换量（CEC）小的土壤，钾的移动速度快，淋洗损失风险高于质地黏重、阳离子代换量大的土壤；2∶1黏土矿物含量高、固钾能力强的土壤，钾素淋洗损失风险相对低一些。提高土壤pH值，利于减少钾素淋洗损失，酸性土壤施用石灰提高土壤pH值，可以提高土壤的固钾能力，从而减少淋洗损失[①]。相同条件下，钾肥施用量大，土壤溶液钾离子含量高，钾素淋洗损失风险大；长期施用钾肥，土壤固钾位点减少，也利于钾肥淋洗损失（Weil and Brady，2017）[706]。我国南方湿润地区土壤风化程度较深、固钾黏土矿物（2∶1型）含量少、非固钾型黏土矿物（1∶1型高岭石）含量高、降水多、土壤pH值低，通常情况下，施用钾肥的淋洗损失风险高于北方土壤。钾肥的淋洗损失是影响钾肥利用的重要因素，尤其在我国南方地区，控制钾的淋洗损失是提高钾肥利用的重要方面。

表2-1　长期试验不同施肥量土壤硝态氮、速效磷和
速效钾含量分布（单位：毫克/千克）

（温延臣等，2017，未发表资料）

土层（厘米）	NPK常量化肥			NPK高量化肥[a]		
	硝态氮[b]（NO₃⁻-N）	速效磷（P）	速效钾（K）	硝态氮[b]（NO₃⁻-N）	速效磷（P）	速效钾（K）
0～20	36.5	29.1	105	37.9	42.5	197
20～40	44.9	18.4	75	72.1	24.6	108
40～200	13.6	6.4	41	68.0	15.8	47

注：[a]施肥量是NPK常量化肥的2倍，施肥量详见温延臣（2016）；[b]2014年10月测定。

（3）钾肥的固定与利用。土壤钾的固定是指溶液中的钾或吸附在颗粒表面的代换性钾进入层间转化为非交换性钾，从而降低钾有效性的现象（谢建昌，1981）。土壤对钾的固定主要是因为2∶1型黏土矿物的蜂

① 谢建昌，1998.土壤钾素和钾肥的有效施用[M]//鲁如坤.土壤—植物营养学原理和施肥.北京：化学工业出版社：224.

窝状硅层结构中存在大量孔径约为2.8Å的陷穴，容易使钾离子（直径约为2.7Å）陷入其中，陷入孔穴的钾离子一旦因陷穴闭合（相邻两个晶片的孔穴重叠后形成闭合的晶穴）而被闭蓄在陷穴中，便失去有效性，变成缓效钾（朱祖祥，1983）[216-217]。而1∶1型黏土矿物，例如，高岭石，尽管其硅层具有蜂窝状结构特征，但与其相邻的铝氧片排列紧密，无蜂窝状的孔穴，两个晶片重叠时就不可能形成闭合的晶穴，因此，就没有固定钾的作用。另外，在2∶1型黏土矿物中，蛭石、伊利石、拜来石等因同晶替代发生在离晶面较近的硅氧四面体内，对离子的吸附力较强，因而固钾能力较强；而蒙脱石的同晶替代发生在离晶面较远的铝氧八面体内，对离子的吸附力较弱，因此其固钾能力相对弱一些。2∶1型黏土矿物固钾能力大小顺序：蛭石>拜来石>伊利石>蒙脱石。因此，土壤的固钾能力与黏土矿物组成和含量有着密切关系。我国南方湿润地区的砖红壤、赤红壤、红壤中，黏土矿物以高岭石、三水铝石、绿泥石、伊利石等为主，固钾率只有1%~3%；北方潮土、黄土、褐土、黑钙土、栗钙土、灰钙土等，黏土矿物以蒙脱石、蛭石、伊利石、绿泥石为主，固钾率15%~80%；而黄棕壤的黏土矿物以高岭石、蛭石、绿泥石等为主，固钾率10%~65%[①]。通常情况下，质地黏重的土壤比质地轻的土壤固钾能力更强。

干湿交替对土壤固钾作用的影响较大。当土壤速效钾含量水平较高时，干湿频繁交替，会促进对钾的固定；当土壤速效钾含量水平较低时，干湿交替可能会发生钾的释放（朱祖祥，1983）[217]。土壤长期不施钾肥使土壤缓效钾大量消耗后，黏土矿物固钾的位点增多，土壤的固钾能力显著提高，例如，长期施用氮磷肥而不施钾肥的土壤（NP），其固钾能力高于长期氮磷钾（NPK）配合施肥的土壤（张会民等，2009）。通常情况下，酸性土壤pH值提高（如施用石灰），其固钾能力增强（谢建昌，1981）。实验室条件下测定土壤对钾的固定能力，通常将外源

---

① 谢建昌，1998. 土壤钾素和钾肥的有效施用[M]//鲁如坤. 土壤—植物营养学原理和施肥. 北京：化学工业出版社：210.

钾加入土壤，当土壤自然风干后测定土壤速效钾含量，根据公式计算土壤固钾量：施入钾被固定量=施钾量-（施钾处理风干后醋酸铵提取钾量-不施钾处理风干后醋酸铵提取钾量）（Hunter，1980；程明芳等，1995）。大量研究表明（程明芳等，1995；金继运，1996；张会民等，2009；谭德水等，2010），我国北方土壤固钾能力较强，固定率能超过50%（当施钾较低时），固钾量主要受土壤黏土矿物、阳离子交换量（CEC）、施肥制度、施钾量等因素影响。总体看，我国西北富钾土壤的固钾能力似较东北和华北地区土壤稍弱一些（黄绍文和金继运，1996；张会民等，2009；谭德水等，2010），但北方地区不同类型土壤间的固钾能力大小差异，没有南、北方土壤间的差异那样明显。土壤对钾素的固定受铵离子（NH_4^+直径0.286纳米，与K^+直径0.266纳米相近）的竞争影响较大（范钦祯，1993），铵的吸附固定可减少施入土壤的钾肥的固定，从而提高钾肥的肥效，但也易造成肥料钾的流失。在铵、钾施用次序上，先施铵后施钾时肥料钾固定最少，先施钾后施铵时肥料钾固定最多，铵、钾同时施用时固定率居中。

生态系统中钾素（速效钾）通过淋洗和侵蚀损失量可能远大于氮、磷（Weil and Brady，2017）[707]。在我国，南方地区酸性土壤钾肥淋洗损失、北方地区土壤对钾肥的固定作用，都会影响作物对钾肥的利用。

2.3.1.2　钾肥有效养分高效化产品创新的理论

酸性土壤钾素淋洗损失、石灰性土壤钾素容易固定是制约常规钾肥高效利用的主要矛盾。因此，钾肥有效养分高效化产品创新的理论，主要是促吸收、减淋洗（酸性土壤）、防固定（石灰性土壤），改善供肥性，实现钾肥产品高效化。

（1）调控根系生长，促进根系吸收，实现钾肥产品高效化。钾肥既不像氮肥那样活泼而极易损失，也不像磷肥那样极易被固定而影响利用，其特性介于氮肥和磷肥之间，但相对而言，性质更靠近磷肥。钾肥的这种"居中"特性使其具有相对较好的供肥性，当季利用率（45%）通常高于氮肥（35%）和磷肥（15%）。然而，钾肥在土壤中的固定特性，以及溶液钾以扩散为主向根系供应的特点，也不利于保障供肥性。尤其在作物生长前期，根系数量少、吸收能力弱，如果生长季节温度低（如低温地区或冬春季节生长的作物），钾素的供需矛盾较大。将钾肥新产品中注入促进根系生长的因子，使作物在前期建立起强大的根系数量和质量（活力）系统，通过促吸收，应对钾素的供需矛盾，是钾肥有效养分高效化产品创新的根本之策和关键所在（赵秉强，2016；周丽平，2019）。无论是钾肥基施还是追施，新产品具有促根和调动根系吸收的功能，是实现钾肥高效利用的关键环节，也是钾肥有效养分高效化产品创新坚持的首要原则。强化根系主动吸收在提高钾肥肥效中的主体和关键作用，改变过去产品创新只注重调控肥料本身的营养功能来被动改善肥效的策略，将能更大幅度提高钾肥利用率。促进根系吸收，也有利于减少钾肥固定和淋洗损失（Singh and Sekhon，1978）。

（2）防淋失、控损失，实现钾肥产品高效化。我国南方地区土壤供钾潜力普遍较低，需钾量较大的果树、蔬菜种植比例大，钾肥施用具有普遍性并且用量也较大；加之，南方湿润地区降水多、土壤固钾能力弱，钾肥的淋洗损失较多，成为制约钾肥高效利用的重要因素。因此，酸性土壤优化钾肥移动，控制钾素淋洗损失，成为钾肥有效养分高效化产品创新的重要策略。凡是提高土壤对钾素吸附能力的措施，都有利于减少钾的淋洗损失。从肥料高效产品开发的角度看，开发钾素高效吸附载体（如CEC高的材料）与钾肥复合或进行包膜（Rosolem et al.，2018；Munson and Nelson，1963），调控钾素的释放速率，可起到优化钾素移动的效果，从而达到控制钾肥淋洗损失的目的。新产品也可通过调控肥际过程，实现优化钾肥移动和分布的目的，达到控制钾素淋洗损失的效果。在生产实践中，施用石灰改良酸性土壤，提高土壤pH值，适度增强了土壤对钾肥的吸附固定能力，达到减少钾肥淋洗损失的目的。但是，减缓钾肥的移动控制淋洗损失，不能影响钾肥的供肥性，否则，将事倍功半。

（3）防固定、提高供肥强度，实现钾肥产品高效化。我国南方地区土壤钾素淋洗损失会影响钾肥的高效利用，而在北方地区，土壤钾的固定问题，可能成为制约钾肥高效利用的重要因素。北方土壤2∶1黏土矿物含量高，施入土壤中的水溶性钾肥，容易被吸附固定后转化为缓效钾，从而降低其有效性。在生产实践中，钾肥局部集中施用，一方面能够提高土壤胶体上交换钾的饱和度，提高钾的有效度；另一方面减少钾肥与土壤的接触，利于减少土壤对钾肥的固定。但是，钾肥局部集中施用，使钾肥在土壤中的分布均匀性下降，导致整体根系系统与钾肥的接触机会减少，可能对吸收也有不利的一面。从钾肥高效产品开发的角度看，研发钾素防固定材料（载体）与钾肥复合或包膜，抑制钾素从土壤胶体进入黏土矿物硅层结构中孔穴的过程，或控制钾肥的释放速度或减少钾肥与土壤的接触机会，从而减少土壤对钾肥的固定，改善钾肥的肥效。但是，调控土壤钾肥的固定过程，必须以不影响钾肥的供肥性为前提，因为防钾肥固定的最终目的还是改善土壤对作物的供钾性。

总之，钾离子在土壤中的移动活性居于硝态氮和磷酸根离子之间，从土体到根际的供应过程以扩散为主，质流为辅（但明显高于磷酸根）；钾肥施入土壤后，既存在淋洗损失的风险，也存在被固定影响供肥性的问题。因此，钾肥有效养分高效化产品创新的原则是"促吸收、控损失、防固定、优供应"，其中，主动调控根系促进吸收是钾肥高效产品创新的关键。钾肥产品创新，只有实现对"肥料—作物—土壤环境"的综合调控，才能大幅度改善肥效，提高钾肥的当季利用率。

2.3.2　钾肥有效养分高效化产品创新的技术策略和产业途径

根据钾肥有效养分高效化产品创新的"促吸收、控损失、防固定、优供应"增效理论，将增效理论转化为技术策略和产业途径，创制高效钾肥新产品，实现钾肥产品有效养分高效化产品升级。

2.3.2.1 有机生物活性增效载体配伍技术策略与产业途径

利用腐植酸类、海洋生物提取物、氨基酸类、微生物代谢产物等天然或植物源材料，研发具有微量高效功能的钾肥专用的生物活性有机增效载体，与水溶性钾肥科学配伍，使肥料新产品具有"调控根系生长、促进根系吸收，吸附钾素、减少淋洗损失，防钾固定、优化移动供应"的功能，实现钾肥产品有效养分高效化（赵秉强，2016；赵玉芬等，2018）。研发具有丰富的官能团和高阳离子交换量（CEC）的有机增效载体，与钾肥科学配伍复合后，在酸性土壤上具有防淋洗损失的功能，在石灰性土壤上具有防固定、增强供肥性的功能，有利于改善钾肥的供肥性。与此同时，生物活性有机增效载体具有促进根系生长，扩大根系吸收范围和增强根系吸收活性的功能，成为改善钾素营养、提高钾肥利用率的关键所在。利用微量高效生物活性有机增效载体与钾肥科学配伍开发的高效钾肥新产品叫做增值钾肥（赵秉强，2016）。增值钾肥通过对"肥料—根系—土壤"系统的综合调控，更大幅度提高钾肥利用率。增值钾肥新产品已经实现产业化，正在形成新产业。

2.3.2.2 包膜缓释技术策略与产业途径

将速溶性钾肥采用包膜的方式，调控养分的释放速率，不仅使钾肥具有长效性，还可起到调控钾素移动、减少土壤接触固定、防淋洗损失的效果（Munson and Nelson，1963；Rosolem et al.，2018）。钾肥包膜缓释材料有树脂、石蜡、腐植酸、有机物质、枸溶性肥料等，利用包膜缓释技术制成的钾肥产品叫做缓/控释钾肥。缓释钾肥控制钾素的释放速率，不能影响钾肥的供肥性，否则，将达不到改善钾肥肥效、提高肥料利用率的目的。过去几十年，肥料缓/控释技术有了很大进展，但缓/控释技术在钾肥产品上的应用目前还比较少，国外有腐植酸包膜氯化钾对钾肥利用效果的试验报道（Rosolem et al.，2018）。

2.4　有效养分高效化产品创新的技术趋势

化肥有效养分高效化产品创新，是继无效养分有效化产品创新之后逐渐发展起来的，从20世纪60—70年代开始，逐渐受到重视，迄今已历时50多年，其增效理论、产业技术和产品体系正处于不断发展和完善的过程之中，但这一过程今后还将持续相当长的时间。未来化肥有效养分高效化产品创新发展，主要呈现以下七大技术趋势。

2.4.1　以绿色增产为主要目标

作物增产是高效肥料产品创新的首要目标。与常规肥料相比，高效肥料新产品在用量大幅减少的同时保障作物增产和环境保护，实现绿色增产。常规化肥产品的物理特性和化学特性存在诸多短板，例如，氮肥易损失、磷肥易固定，导致供肥性能差、营养效率低，作物高产须建立在肥料高投入基础之上，高产施肥的环境矛盾突出。高效化肥新产品通过强化根系吸收、优化养分供应、增强作物抗逆、调节体内代谢等过程，实现从提供营养到改善营养的转变，肥料养分效率更高，有利于作物高产，较常规肥料不仅实现"等量增产"，而且还能实现"减量增产"，利于协调作物高产施肥的环境矛盾。作物增产既是肥料产品创新的目标，也是实现产品养分高效利用的途径。增产与肥料高效利用是同步和统一的，养分高效利于作物增产，作物增产又促进了对肥料养分的高效利用，二者相辅相成、互为前提。

2.4.2　技术途径向系统性综合调控发展

高效肥料新产品创新从被动调控肥料向主动调控根系转变，从单一重视调控氮肥向大、中、微量元素综合调控转变，实现对"肥料—作物—土壤"系统的综合调控，更大幅度改善肥效。化肥有效养分高效化产品创新，不仅要重视调控和优化肥料养分的供应，而且要更加重视促进和强化根系主动吸收养分的能力；不仅能调控氮素增效，同时还能综合调控其他大、中、微量元素增效，通过调控肥际土壤过程和土壤环境，活化土壤中的营养元素，改善养分供应。因此，肥料新产品只有实现对"肥料—作物—土壤"系统综合调控，才能更大幅度改善肥效和提高肥料利用率。技术途径向系统性综合调控发展，是未来化肥有效养分高效化产品创新的重要技术趋势，其中，新产品能够调控根系数量、活性和分布，强化和调动根系的养分吸收功能，尤为重要，应当是化肥有效养分高效化产品创新的技术纲领。

2.4.3 肥料产品功能向多元化发展

化肥有效养分高效化产品创新，重视赋予肥料新产品改善农产品品质、增强作物抗逆能力、保护和改良土壤等功能，提升功能与改善肥效是协调统一的。肥料高效产品，不仅较常规产品具有增产作用，还能通过优化养分供应、调控植物代谢、注入品质增效因子等，改善和提升农产品品质。通过开发功能物质，赋予肥料高效产品以提高作物对旱、冷、热、酸、碱、盐、病、虫、连作障碍等的抗逆能力，保障作物高产优质。肥料高效产品还应具有增强土壤缓冲性、防止土壤酸化及结构退化等功能。肥料产品功能向多元化发展，是有效养分高效化产品创新的重要技术趋势。

2.4.4 增效材料向绿色化发展

发展绿色增效材料是研发绿色高效肥料产品和实现农业绿色增产不可或缺的环节。重视安全、环保、可降解的天然/植物源材料在高效肥料创制所需膜材料、增效材料中的应用。腐植酸类、海洋生物提取物、氨基酸类、微生物发酵代谢物等绿色环保材料，在开发高效肥料产品中的应用将越来越受到人们的重视。这些天然/植物源材料，不仅安全、环保、可降解，并且使新产品实现对"肥料—作物—土壤"系统的综合调控，更大幅度改善肥效，与此同时，这些天然/植物源材料还可赋予肥料新产品以提高作物抗逆、改善品质等功能。

2.4.5 高效肥料创新更重视学科交叉与融合

高效肥料创制不仅重视农业相关学科的交叉，而且逐渐重视与化学等学科之间的交叉融合。随着肥料新产品功能的不断拓展，产品创新需要融入更多的增效技术策略，学科交叉融合发展的重要性日益凸显。在农业领域，高效肥料产品创制将更加重视与栽培、育种、植保、植物生理、生物技术等学科的交叉；在工业领域，更加重视与化学、化工、材料等学科的融合。通过吸收多学科知识，使新产品实现多策略、多机制、多途径综合增效，不断提升产品应用效果、拓展高效产品的功能。

2.4.6 重视产品研发与产业化结合

高效肥料与常规肥料大型生产装置相结合一体化生产，实现大产能、低成本，加速成果转化。过去化肥有效养分高效化产品创新，产品生产缺乏与大型化肥生产装置相结合，多为二次加工，低产能、高成本、产品施用技术复杂，严重制约了新产品产业规模化发展和大面积推广应用，成为肥料高效产品创新的技术短板之一。高效肥料新产品生产与常规大型氮肥、磷肥、钾肥、复合肥装置相结合，在常规大型化肥生产装置上实现高效产品产业化，突破"大产能、低成本"技术短板，推动尿素、磷铵、复合肥等大宗化肥全面实现高效化和产品绿色升级，真正助推农业绿色发展。微量高效生物活性载体增效制肥策略，为高效肥料生产与常规肥料大型生产装置相结合开辟了可行的技术和产业途径。

2.4.7 重视满足农业生产对高效产品性能的关键需求

农业生产对肥料产品的需求是多样化的，新产品不仅要养分高效，还要满足农民在肥料施用中的一些关键需求，例如，种肥同播不烧苗，一次性施肥不脱肥，管道化施肥溶解快，蔬菜种植肥效快，机械化施用不堵管等。另外，肥料产品还要满足机械化收获作业对作物抗倒伏、集中成熟等特殊需求，以及农产品着色、货架寿命等商品性需求。

综上所述，化肥有效养分高效化产品创新，以农业绿色增产为总目标，需要多途径调控、多学科交叉、多策略集成，实现产品功能化、高效化、绿色化，满足农业生产的多样化需求。

2.5 化肥有效养分高效化产品类型

国外有效养分高效化产品创制和产业化主要是从20世纪60—70年代开始的，代表性产品主要有包膜缓释肥料、生化抑制稳定性肥料、合成微溶脲醛肥料等。我国从20世纪70—80年代开始研究长效碳铵、硝化/脲酶抑制剂及包裹型缓释肥料等高效化肥料产品（许秀成等，2000；赵秉强等，2004，2013a），但真正开始大面积研究还是20世纪90年代以后的事情，尤其是2000年以后，包膜缓释肥料、包裹型肥料、稳定性肥料、脲醛肥料等陆续实现产业化，高效化产品研制与产业化速度明显加快，并在农业生产中逐渐发挥重要作用（赵秉强，2016）。2000年以后，我国开始研发增值肥料（赵秉强等，2007；李燕婷等，2008；赵秉强等，2011；刘增兵，2009；杜伟，2010；袁亮等，2014；袁亮等，2015b；赵秉强，2013a；袁亮，2014a；袁亮等，2015a），2010年以后，增值肥料在我国逐渐实现产业化。根据肥料增效原理、技术策略和产业途径的不同，目前已经实现产业化的高效化肥产品可分为四大类型。

2.5.1 包膜缓释肥料

包膜缓释肥料的增效原理，主要是通过优化化肥养分的释放和供应模式来改善肥效。控制养分释放的包膜材料主要有树脂、硫黄、枸溶性肥料和有机质材料等，包膜的核芯肥料通常为速溶性大颗粒尿素，例如，利用包膜材料不同而制备的缓释尿素包括树脂包膜尿素、硫包衣尿素、肥料包裹型尿素以及有机质包膜尿素等，也有少数用速溶性复合肥料、钾肥等作为核芯肥料，制备相应的包膜缓释肥料，但远不及尿素普遍。

包膜缓释肥料起源于欧美和日本等发达国家。1957年，美国首先开始研究硫包尿素（SCU），1961年，TVA（田纳西河流域管理局）的RFDC（肥料发展中心）在1～7千克/小时装置上进行了包硫尿素小试，1978年，在美国建成10吨/小时SCU的示范生产厂。此间，又进行了包硫氯化钾（SCK）、包硫磷酸二铵（SCP）的研究。美国也是第一个商品化生产树脂包膜肥料的国家。1967年，在加利福尼亚生产出醇酸树脂包膜肥料Osmocote，成为当今世界著名控释肥料品牌。日本从20世纪60年代开始研究包膜控释肥料，70年代后，以研制热塑性树脂聚烯烃包膜肥料为重点，简称POCF工艺，通过调节PE与EVA的比例，并以无机填料为致孔剂，可制得40～360天释放期的包膜控释肥料。可降解聚合物包膜材料研发及不同养分释放模式产品创制，成为包膜缓释肥料的重点研究方向。20世纪80年代以来，以色列、德国、英国、加拿大、意大利、印度等国也相继进行了包膜型缓/控释肥料的研究，尝试用聚合物、草炭、木质素、石蜡、无机营养材料等包裹尿素等，制成缓/控释肥料。1991年7月，在美国阿拉巴马州的Sheffield召开了第一届缓/控释肥专题研讨会；1993年，在以色列海法市召开了缓/控释肥料国际研讨会。

国际上，聚合物包膜缓释肥料是包膜缓释肥料的主体，主要工艺包括反应成膜和溶剂型淀积成膜两种，发展趋势是由非连续间歇性工艺向连续化生产工艺发展，产能由原来的年产数千吨发展到数万吨乃至超过10万吨。例如，加拿大的Agrium公司（Agrium Advanced Technologies, Inc.），于2006年1月28日投产了世界最大的聚合物包膜尿素，每小时产量30吨（可达40吨/小时），年产量15万吨，商品名ESN，以蓖麻油、异氰酸酯形成聚氨酯包膜尿素，产品总N≥44%。随着包膜缓释肥料产业发展，国际上，包膜缓释肥料形成了Osmocote、MEISTER、Nutricote、ESN、Multicote等知名品牌，但这些产品主要用在草坪、园艺等领域，在大田作物上应用相对较少。从产品发展趋势看，包膜缓释肥料在大田作物上的应用将越来越受到重视。例如，ESN产品的发展方向是应用到玉米、小麦、水稻、马铃薯等大田作物一次性施肥。

我国从20世纪70年代开始研究包膜缓释肥料，发展历程可分为3个阶段。第一阶段，从20世纪70年代初到80年代初，是缓释肥料探索起步阶段。主要开展的工作是探索研究和开发长效碳铵等缓释肥产品。第二阶段，从20世纪80年代到2000年，是缓释肥料探索发展阶段，缓释肥料开始实现小规模产业化。开发的主要产品包括郑州大学研制的Luxacote包裹型缓释肥料和北京市农林科学院研制的热塑性树脂包衣缓释肥料等。1983年开始，郑州工学院许秀成等率先利用营养材料研究和开发了系列包裹型控释肥料，先后研制出钙镁磷肥包裹尿素（1983）、磷矿粉部分酸化包裹尿素（1991）、二价金属磷酸铵钾盐包裹尿素（1995）3类升级换代产品，养分控制释放时间超过了95天，突破了国内外营养材料包膜养分释放控制难度大的关键技术。研制出年产万吨生产能力的产业化生产线，产品注册品牌为Luxacote，已出口美国、澳大利亚、新加坡、日本等国家，成为国际知名缓释肥料品牌，1999年被《Fertilizer International》（国际肥料）誉为"中国的首创——未来的肥料"。树脂包膜控释肥研制，起初，我国主要借鉴日本经验。1992年开始，北京市农林科学院徐秋明等，在国内率先系统开展了树脂包膜尿素研究。在借鉴日本技术的基础上，在溶剂、包衣材料、设备等方面，均有较大的改进和突破。研究筛选出低毒溶剂，溶剂回收率98%以上；包衣材料选用廉价的聚丙烯酰胺，并进行降解改性；研制出年生产能力3 000吨的树脂包衣尿素生产线，生产出养分控释30～200天或更长时间的系列包衣尿素，产品养分释放模型分为线形和"S"形，产品于2002年获得国家重点新产品证书。第三阶段，从2000年以后，是缓释肥料快速发展阶段。国家将新型肥料发展列入《国家中长期科学和技术发展规划纲要（2006—2020年）》，科技部从"十五"计划开始，通过863计划、科技支撑计划和重点研发专项等立项，持续资助研发缓释肥料、专用复合肥料等绿色高效肥料，极大地推动了我国化肥有效养分高效产品创新的发展，使中国成为新型肥料研制研究的全球热点。缓释肥料各种包膜工艺不断创新，无论是聚合物反应成膜还是溶剂型淀积成膜工艺，都实现了连续化生产，产能大幅度提高，单套装置年产能超过万吨乃至5万吨以上，树脂包膜尿素、硫包衣尿素、肥料包裹型缓释肥料等都大面积实现产业化。我国的缓释肥料主要针对大田作物应用，在玉米上率先实现缓释肥料一次性施肥，在水稻、冬小麦利用缓释肥料一次性施肥技术也取得了重要进展。我国目前的包膜缓释肥料技术经过引进、集成和创新，整体上已经达到国际先进水平，在缓释肥料大田作物应用技术领域达到国际领先水平。

在借鉴国外缓释肥料性能指标要求和测试方法的基础上，我国制定和发布实施了树脂包衣缓释肥料（HG/T 4215—2011，GB/T 23348—2009）、硫包衣尿素（HG/T 3997—2008，GB/T 29401—2012）、包裹型缓释肥料（HG/T 4217—2011）化工行业标准或国家标准，并制定了控释肥料（ISO 18644—2016）和硫包衣尿素（ISO 17323—2015）国际标准。农业农村部制定了缓释肥料登记要求的农业行业标准（NY 2267—2012），并将缓释肥料作为新肥料产品纳入登记管理。目前，我国树脂膜尿素、硫包衣尿素、肥料包裹型缓释肥料、有机质包膜缓释肥料的年产量分别达到50万吨、10万吨、15万吨和10万吨，总产量近90万吨，缓释肥料通过掺混等形式进入大田施用，每年应用面积约0.5亿亩，作物增产8亿～10亿千克，节约氮肥3万～5万吨。包膜材料绿色环保化，生产技术大产能、低成本、连续化，面向大田作物应用，是包膜缓释肥料未来发展的技术趋势。

2.5.2　稳定性肥料

稳定性肥料是指经过一定工艺向肥料中加入脲酶抑制剂和（或）硝化抑制剂，施入土壤后能通过脲酶抑制剂抑制尿素的水解，和（或）通过硝化抑制剂抑制铵态氮的硝化，使肥效期得到延长的一类含氮肥料

（包括含氮的二元或三元肥料和单质氮肥）[①]。脲酶抑制剂主要通过抑制土壤脲酶的活性，减缓尿素在土壤中的水解速率，降低土壤中铵离子的浓度和氨的分压，减少氨挥发损失；硝化抑制剂主要是抑制亚硝化细菌的活性，减缓铵离子（NH_4^+）向硝态氮（NO_3^-）的转化速度，减少反硝化过程中温室气体（N_2O和NO）的排放，减低硝酸盐（NO_3^-）的淋失风险。

国际上，1935年，Rotini首先发现土壤中存在脲酶；20世纪40年代，Conrad等发现向土壤中加入某些抑制脲酶活性的物质可以延缓尿素的水解，60年代，人们开始重视筛选土壤脲酶抑制剂的工作（赵秉强，2016），氢醌（HQ）、N-丁基硫代磷酰三胺（NBPT）、苯基磷酰二胺（PPD）、硫代磷酰三胺（TPTA）、N-磷酸三环己胺（CHPT）等是筛选研究的重要土壤脲酶抑制剂（武志杰和陈利军，2003）[16-43]。德国BASF最新研制的脲酶抑制剂"力谋仕"，获得农业农村部氮肥增效剂登记证，为推广应用奠定了基础。国外自20世纪50年代开始研制硝化抑制剂，主要产品有吡啶、嘧啶、硫脲、噻唑、汞等的衍生物，以及叠氮化钾、氯苯异硫氰酸盐、六氯乙烷、五氯酚钠等，双氰胺（DCD）和3,4-二甲基吡唑磷酸盐（DMPP）是目前应用较为广泛的硝化抑制剂（赵秉强，2013a）[46]。在国外，脲酶抑制剂或硝化抑制剂较少与大型尿素生产装置结合生产含有生化抑制剂的氮肥产品，主要是在氮肥的施用环节将脲酶/硝化抑制剂添加到肥料中，起到防氮损失的作用。

我国从20世纪60年代开始重视研究稳定性肥料，中国科学院南京土壤研究所率先开始了硝化抑制剂的研究。之后，中国科学院沈阳应用生态研究所在20世纪70年代开始研究氢醌（HQ）作为脲酶抑制剂如何提高氮肥利用率，在盘锦化肥厂、大庆化肥厂等通过添加脲酶抑制剂生产稳定性尿素，并且应用到大田作物上（武志杰和陈利军，2003）[16-43]。特别是进入2000年以来，中国科学院沈阳应用生态研究所开发出一批新型

[①] 武志杰，2013.稳定性肥料[M]//赵秉强.新型肥料.北京：科学出版社：44.

脲酶抑制剂和硝化抑制剂，应用在尿素、复合（混）肥中，生产稳定性肥料，大面积实现了产业化，并且制定了《稳定性肥料》化工行业标准（HG/T 4135—2010）和国家标准（GB/T 35113—2017），规范了相关定义术语，统一了检验方法，从而规范了稳定性肥料市场，标志着我国稳定肥料产业的发展步入了一个新的阶段。目前全国已有50余家化肥企业从事稳定性肥料生产和推广，年产量达到200万吨，应用面积超过5 000万亩，作物增产10亿千克，节约氮肥6万～8万吨。稳定肥料未来技术趋势，一是筛选更加廉价、高效、环保、性能稳定的脲酶抑制剂和硝化抑制剂，应用到稳定性肥料生产中；二是提高稳定性肥料在不同土壤、气候条件下效果的稳定性；三是研究稳定性肥料产品如何走向作物专用化（赵秉强，2016）。

2.5.3　脲醛类肥料

脲醛类肥料是尿素与醛类的缩合物，主要有脲甲醛（UF）、异丁叉二脲（IBDU）、丁烯叉二脲（CDU）等，其中，最常见的是脲甲醛（UF）。脲醛类肥料的溶解性较尿素显著降低，具有缓效、长效性，有利于减少氮的损失。在我国，将脲醛类肥料称作脲醛缓释肥料（Urea Aldehyde Slow Release Fertilizer）（HG/T 4137—2010、GB/T 34763—2017），定义为由尿素和醛类在一定条件下反应制得的有机微溶性氮缓释肥料。

国际上，1924年，德国Badische Anilin和Soda-Fabrik AG取得了第一个制造脲醛肥料的专利，1955年投入工业化生产。德国于1924年发表了用乙醛和尿素制备丁烯叉二脲（CDU）的专利，1962年完成肥料制备流程。日本三菱株式会社于1961—1962年提出了尿素和异丁醛反应制备异丁叉二脲（IBDU）的专利，1964年开始，在日本市场上有少量脲醛肥料销售。脲甲醛产品是由不同聚合度的亚甲基脲组成的混合物，并含有部分游离尿素。聚合度越高，分子链越长，在水中的溶解度越小，缓释性越强。美国公职农业化学家协会（AOAC）将脲甲醛所含的氮划分为游离尿素氮（F-UN）、冷水可溶氮（WSN，25℃）、热水溶性氮（HWSN，98～100℃）和热水不溶氮（HWIN）4组，用以评价脲甲醛的肥料效果（郭振铎等，1998），冷水不溶性氮（WIN）=全氮（TN）-（WSN+F-UN）。用氮素活度指数[AI=（WIN-HWIN）×100%/WIN]来衡量脲甲醛肥料的缓释性。当AI>60%，N释放时间2～4个月；30%<AI<60%，释放时间6～8个月；AI<30%，释放时间12个月以上[①]。到20世纪90年代初期以前，世界缓/控释肥料仍以微溶性尿素反应物为主，占到50%以上。欧洲传统使用微溶性含氮化合物缓释肥料，其比例占到缓/控释肥消费量的70%以上。该类肥料因养分释放速度受土壤水分、pH值、微生物等因素的影响较大，且售价高，主要用于草坪、苗圃、庭园绿化等非农领域，在大田作物上应用较少。

　　我国对脲醛肥料的研究始于20世纪70年代。早在1971年前后，中国科学院南京土壤研究所采用脲醛树脂为材料，制得了少量包膜肥料样品，但之后发展不快。20世纪90年代，大家又重新开始审视发展脲醛肥料的意义（田玉，1995；郭振铎等，1998），尤其进入2000年以后，随着国内新型肥料研发热潮的到来，脲醛类肥料研发进入快车道。2008年7月，原化工部经济技术委员会化肥组组长任宏业与许秀成、林葆等国内化工、农业专家，共同向国家提出"关于发展化肥工业，提高我国粮食增产潜力的建议"，建议中提出增加脲甲醛生产装置，发展脲甲醛缓释肥料（伍宏业等，2009；许秀成等，2009）。2009年6月25日，中国化工信息中心组织国内部分专家，针对脲醛类肥料在中国未来的研究和发展做了专门研讨。与会专家肯定了脲醛肥料的作用效果，但要将其应用到大田作物上，价格问题是重要的制约因素（许秀成等，2009）。因此，结合大田作物的需肥规律，建议将脲甲醛部分替代尿素或其他水

---

① 王好斌，2013. 脲醛肥料的生产工艺[M]//赵秉强. 新型肥料. 北京：科学出版社：38-39.

溶性氮源，形成速缓相济的供氮模式，既满足作物对氮素缓释长效的需求，也利于降低肥料价格。例如，日本三井东压肥料生产的UF尿素组合、硫酸钾、磷铵复合肥料17-17-13，其中，9%的N由UF提供，用作水稻基肥；北京海依飞科技有限公司及郑州乐喜施磷复肥技术研究推广中心以UF全部或部分代替尿素生产的高利用率根际肥、大粒化成肥、包裹型复合肥，分别出口马来西亚、日本、澳大利亚，用于油棕种植、蔬菜及花卉栽培（许秀成等，2009）。日本住商肥料（青岛）有限公司在中国农业市场推广以脲甲醛为缓释剂的复合肥料。我国发布了《脲醛缓释肥料》化工行业标准（HG/T 4137—2010）和国家标准（GB/T 34763—2017），适用于由尿素和醛类反应制得的脲甲醛（UF/MU）、异丁叉二脲（IBDU）和丁烯叉二脲（CDU），也适用于肥料中掺有一定量脲醛缓释肥料的脲醛缓释氮肥、脲醛缓释复合肥料、脲醛缓释掺混肥料。在此基础上，制定了《固态脲醛缓释肥料》国际标准（ISO 19670—2017）。目前，我国各类脲醛肥料年产量约20万吨，以脲醛缓释复合肥料或掺混肥料为主，每年应用500万亩，作物增产0.5亿～1.0亿千克，节约氮肥0.5万吨。

2.5.4　增值肥料

增值肥料是将安全环保的有机生物活性增效载体与化学肥料科学配伍，通过综合调控"肥料—作物—土壤"系统改善肥效的肥料增值产品。增值肥料是继缓/控释肥料、稳定性肥料、脲醛类肥料之后发明的新一代绿色高效肥料产品类型。

增值肥料属于中国发明。针对高效肥料普遍存在以二次加工方式生产为主，产能低、成本高、产业化推广难度大等问题，从2000年开始，中国农业科学院新型肥料团队致力于利用腐植酸、海藻提取物、氨基酸等天然/植物源材料，开发高活性、环保安全、专用型肥料增效载体，载体微量添加（一般不超过5‰）即可实现对"肥料—作物—土壤"系统的高效综合调控，大幅度改善肥效，开辟了载体增效制肥新途径，发明增值肥料新技术。研发的系列生物活性增效载体、增值肥料产品及制备技术获26项发明专利授权，形成了增值肥料专利群（赵秉强等，2007，2011，2013b，2015；袁亮等，2014，2015a，2015b），并获得了5项中国发明专利优秀奖。

增值肥料的主要技术特点：①载体增效制肥。增值肥料利用环保安全的有机生物活性增效载体与肥料科学配伍制备高效化肥产品，属载体增效制肥技术范畴。②增效载体通常为天然/植物源物质，安全环保。增值肥料的增效载体主要由腐植酸类、海藻提取物、氨基酸类等天然/植物源材料制成，绿色安全，不对植物、土壤、环境造成危害和产生负面影响。③综合调控"肥料—作物—土壤"系统增效。增值肥料从系统角度出发，除了调控肥料减损失、防固定和优化供肥性外，还重视促根和调动根系吸收养分的能力，并对大中微量元素综合调控，活化土壤中的营养元素。④增效载体微量高效。增效载体在肥料中的添加量一般不超过5‰（有效成分），基本不影响肥料养分含量。⑤与大型化肥生产装置结合一体化生产。增值肥料利用微量高效载体增效制肥技术，与尿素、磷铵、复合肥等大型化肥生产装置结合一体化生产，避免二次加工，突破了高效肥料产品普遍存在的产能低、成本高技术短板。

增值肥料的发明改变了过去单纯依靠调控肥料营养功能改善肥效的技术策略，开启了"肥料—作物—土壤"综合调控增效的技术新途径，为推动我国尿素、磷铵、复合肥大宗化肥产业整体实现绿色转型升级铺平了道路。2011年3月20日，锌腐酸增值尿素、海藻酸增值尿素、聚合谷氨酸增值尿素在瑞星集团股份有限公司大型尿素装置上实现产业化，同年11月1日，瑞星集团股份有限公司在山东省质量技术监督局备案了我国第一个增值尿素企业标准《海藻液改性尿素》（Q/3700DRX 002—2011）。2012年12月5日，化肥增值产业技术创新联盟在北京成立，推动增值肥料产业化步入快车道，联盟的成立载入中国氮肥工业发展60周年大事记（2018）。2012年5月，增值复合肥技术在中农舜天生态肥业有限公司应用并实现产业化；2013年3月，在湖北大峪口化工有限责任公司30万吨/年装置上首次成功实现了锌腐酸增值磷铵产业化；2014年5月，锌腐酸增值复合肥料在昊华骏化集团有限公司年产20万吨高塔生产装置上实现产业化；2015年7月20日，腐植酸、海藻酸、氨基酸增值肥料被列入《关于推进化肥行业转型发展的指导意见》（工信部原〔2015〕251号），增值肥料发展上升为国家战略。2015年12月，江西开门子肥业股份有限公司海藻酸增值复合肥料在年产20万吨大型高塔生产装置上实现产业化；2017年5月，海藻酸增值磷铵在贵州开磷集团股份有限公司年产20万吨磷铵装置上实现产业化；2017年1月22日至3月7日，云南水富云天化有限公司在产能80万吨/年的大型尿素装置上实现连续不间断生产10万吨锌腐酸增值尿素，创造增值尿素一次性不间断生产最高产量的世界纪录，于2018年载入中国氮肥工业发展60周年大事记。2017年4月1日，《含腐植酸尿素》（HG/T 5045—2016）、《含海藻酸尿素》（HG/T 5049—2016）、《海藻酸类肥料》（HG/T 5050—2016）、《腐植酸复合肥料》（HG/T 5046—2016）4项增值肥料国家化工行业标准正式实施；2020年1月1日，《含腐植酸磷酸一铵、磷酸二铵》（HG/T 5514—2019）和《含海藻酸磷酸一铵、磷酸二铵》（HG/T 5515—2019）两项增值磷铵产品国家化工行业标准正式实施。系列增值肥料国家行业标准的发布实施，标志着增值肥料形成新产业。

迄今，增值肥料在瑞星集团、中海化学、中化化肥、骏化集团、云天化、贵州磷化集团、安徽六国等国内数十家大型企业实现产业化，年产量1 500万吨，形成了锌腐酸、聚氨锌、天野、金沙江、大嘿牛、黑力旺、东平湖等增值尿素，翔燕、撒可富、富岛、美麟美、开磷海藻酸、锌硼酸等增值磷铵以及开门子海藻酸、农大腐植酸、恩宝海藻酸、六国安锌、骏化锌腐酸等增值复合肥等品牌，年推广4.5亿亩，作物增产100亿千克，农民增收200亿元，增值肥料已经成为全球产量最大的绿色高效肥料产品，为我国化肥减施增效、农业高质量绿色发展作出了重要贡献。

近年来，国外也开始发展增值肥料。澳大利亚EcoCatelysts公司利用腐植酸增效载体开发大颗粒增值尿素（Black Urea）和增值磷铵（Black DAP），不过，是采用二次加工包衣的方式生产。EcoCatelysts公司认为中国发明的与大型尿素生产装置结合一次性生产增值尿素，避免二次加工，具有产能高、成本低、效果好的优势。印度政府大力发展含有印楝素的增值尿素，具有增效、防病的功能，推广应用面积很大。最近几年，欧美等国家利用腐植酸、海藻提取物、氨基酸等物质，大力研究和发展生物刺激素（Biostimulants）（白由路等，2017）[1-13]。尽管植物生物刺激素开发所用的物质类似于增值肥料微量高效增效载体，但生物刺激素和增值肥料增效载体的研发方向、使用方法和服务对象等存在很大的不同，因此，不能将二者混为一谈。

参考文献

白由路，等，2017. 植物生物刺激素[M]. 北京：中国农业科学技术出版社.

鲍士旦，徐国华，1993. 稻麦轮作下施钾效应及钾肥后效[J]. 南京农业大学学报，16（4）：43-48.

蔡贵信，1995. 农田生态系统中的氮素循环[M]//赵其国，土壤圈物质循环与农业和环境. 南京：江苏科学技术出版社：8-24.

陈晓影，刘鹏，程乙，等，2020. 基于磷肥施用深度的夏玉米根层调控提高土壤氮素吸收利用[J]. 作物学报，46（2）：238-248.

程明芳，金继运，林葆，1995. 土壤对施入钾的固定能力研究[J]. 土壤通报，26（3）：125-127.

董合林，李鹏程，刘敬然，等，2015. 钾肥用量对麦棉两熟制作物产量和钾肥利用率的影响[J]. 植物营养与肥料学报，21（5）：1 159-1 168.

董稳军，黄旭，郑华平，等，2012. 广东省60年水稻肥料利用率综述[J]. 广东农业科学（7）：76-79.

杜伟，2010. 有机无机复混肥优化化肥养分利用的效应与机理[D]. 北京：中国农业科学院.

范钦桢，1993. 铵对土壤钾素释放、固定影响的研究[J]. 土壤学报，30（3）：245-252.

郭振铎，于曦，刘彤，等，1998. 高效缓释化肥甲醛脲[J]. 天津师大学报（自然科学版），18（4）：41-44.

何念祖，林咸水，林荣新，等，1995. 碳氮磷钾投入量对三熟制稻田生物量的影响[J]. 土壤通报，26（7）：21-23.

何佩华，马征平，马绮亚，2011. 脲甲醛缓释肥料的氮养分释放特征及其肥效研究[J]. 化
　　肥工业，38（4）：18-22.

黄东迈，朱培立，余晓鹤，等，1992. 不同土壤上杂交水稻对钾的反应试验初报[C]//农业
　　部科技司，土壤钾素和钾肥研究——中加合作钾肥项目第五次年会论文集. 北京：中国
　　农业科技出版社.

黄绍文，金继运，1996. 我国北方一些土壤对外源钾的固定[J]. 植物营养与肥料学报，2
　　（2）：131-138.

蒋柏藩，1994. 磷肥[M]//林葆，中国肥料. 上海：上海科学技术出版社.

焦立强，汤建伟，化全县，等，2009. 聚磷酸铵的研发、生产及应用[J]. 无机盐工业，41
　　（4）：4-7.

李贵宝，朱宏勋，吴素娥，1994. 西瓜施用钾肥效应的研究[M]//北方土壤钾素和钾肥效
　　益. 北京：中国农业科技出版社.

李燕青，2016. 不同类型有机肥与化肥配施的农学和环境效应研究[D]. 北京：中国农业科
　　学院.

李燕婷，李秀英，赵秉强，等，2008. 缓释复混肥料对玉米产量和土壤硝态氮淋失累积效
　　应的影响[J]. 中国土壤与肥料（5）：45-48.

李祖荫，1988. 石灰性土壤上磷肥的后效[J]. 土壤，20（5）：255-258.

林明，印华亮，2014. 谈聚磷酸铵水溶液在液体肥料发展中的重要作用[J]. 企业科技与发
　　展（5）：12-14.

刘巽浩，陈阜，1991. 对氮肥利用效率若干传统观念的质疑[J]. 耕作与栽培（1）：33-
　　40，60.

刘增兵，2009. 腐植酸增值尿素的研制与增效机理研究[D]. 北京：中国农业科学院.

陆景陵，1994. 植物营养与施肥[M]//林葆. 中国肥料. 上海：上海科学技术出版社.

鲁如坤，时正元，顾益初，1995. 土壤积累态磷研究Ⅱ. 磷肥的表观利用率[J]. 土壤，27
　　（6）：286-289.

鲁如坤，1998. 土壤—植物营养学原理与施肥[M]. 北京：化学工业出版社.

鲁如坤，1994. 施肥与环境[M]//林葆. 中国肥料. 上海：上海科学技术出版社：76-78.

鲁艳红，廖育林，聂军，等，2014. 五年定位试验钾肥用量对双季稻产量和施钾效应的影
　　响[J]. 植物营养与肥料学报，20（3）：598-605.

沈兵，2013. 复合肥料配方制订的原理与实践[M]. 北京：中国农业出版社.

沈善敏，1998. 中国土壤肥力[M]. 北京：中国农业出版社.

时正元，鲁如坤，顾益初，1995. 土壤积累态磷研究Ⅰ. 一次大量施磷的产量效应[J]. 土
　　壤，27（2）：57-59.

苏德纯，任春玲，王兴仁，1998. 不同水分条件下施磷位置对冬小麦生长及磷营养的影响[J]. 中国农业大学学报，3（5）：55-60.

孙庚寅，赵守仁，朱晚报，等，1996. 花碱土地区长期施用化肥对土壤的影响和增产效应[J]. 江苏农业科学，12（1）：15-25.

孙曦，1980. 农业化学[M]. 上海：上海科学技术出版社.

孙曦，1996. 中国农业百科全书·农业化学卷[M]. 北京：农业出版社.

谭德水，金继运，黄绍文，等，2010. 长期施钾及小麦秸秆还田对北方典型土壤固钾能力的影响[J]. 中国农业科学，43（10）：2 072-2 079.

陶其骧，罗奇祥，刘光荣，等，1994a. 连续施钾对作物增产及土壤供钾能力的影响[J]. 江苏农业学报，6（增刊）：22-26.

陶其骧，罗奇祥，范业成，等，1994b. 连续施钾对作物增产及土壤供钾能力的影响[J]. 江苏农业学报，6（增刊）：16-21.

田玉，1995. 脲甲醛缓释氮肥的进展[J]. 四川教育学报，11（2）：108-111.

汪家铭，2009. 新型肥料聚磷酸铵的发展与应用[J]. 杭州化工，39（4）：1-4.

王飞飞，张善平，邵立杰，等，2013. 夏玉米不同土层根系对花后植株生长及产量形成的影响[J]. 中国农业科学，46（19）：4 007-4 017.

王秀芳，张宽，吴巍，等，1994. 玉米吸钾规律及对钾肥的利用效率[M]//北方土壤钾素和钾肥效益. 北京：中国农业科技出版社.

温延臣，2016. 不同施肥制度土壤养分库容特征及环境效应研究[D]. 北京：中国农业科学院.

吴建富，王海辉，刘经荣，等，2001. 长期施用不同肥料稻田土壤养分的剖面分布特征[J]. 江西农业大学学报，23（1）：54-56.

伍宏业，许秀成，林葆，等，2009. 关于发展化肥工业，提高我国粮食增产潜力的建议[J]. 化学工业，27（8）：13-18.

武志杰，陈利军，2003. 缓释/控释肥料：原理与应用[M]. 北京：科学出版社.

谢建昌，1981. 土壤钾素研究的现状和展望[J]. 土壤学进展，9（1）：1-15.

徐丽萍，2019. UAN氮溶液配施脲酶抑制剂NBPT对土壤和玉米中氮的影响研究[D]. 北京：中国农业科学院.

许秀成，李菂萍，王好斌，2000. 包裹型缓释/控制释放肥料专题报告[J]. 磷肥与复肥，15（3）：1-6.

许秀成，李菂萍，王好斌，2009. 脲甲醛肥料在我国发展的可行性[J]. 磷肥与复肥，24（6）：5-7.

袁锋明，陈子明，姚造华，等，1995. 北京地区土表层中NO_3^--N的转化积累及其淋洗损失[J]. 土壤学报，32（4）：388-399.

袁亮，2014a. 增值尿素新产品增效机理和标准研究[D]. 北京：中国农业科学院.

袁亮，李燕婷，赵秉强，等，2015a-6-17. 一种聚合氨基酸肥料助剂及其制备方法：中国，ZL 20140027295.1[P].

袁亮，赵秉强，李燕婷，等，2014-2-5. 一种海藻增效尿素及其生产方法与用途：中国，ZL 201110402369.1[P].

袁亮，赵秉强，李燕婷，等，2015b-10-7. 一种发酵海藻液肥料增效剂及其生产方法与用途：中国，ZL 201210215693.7[P].

袁亮，赵秉强，林治安，等，2014b. 增值尿素对小麦产量、氮肥利用率及肥料氮在土壤剖面中分布的影响[J]. 植物营养与肥料学报，20（3）：620-628.

张广恩，阚连春，1981. 应用^{32}P示踪法研究磷肥在土壤中的固定和移动[J]. 山东农业科学（3）：4-7.

张桂兰，孙克刚，王英，等，1994. 河南省主要土壤钾肥对作物的增产效应[M]//北方土壤钾素和钾肥效益. 北京：中国农业科技出版社.

张会民，徐明岗，张文菊，等，2009. 长期施肥条件下土壤钾素固定影响因素分析[J]. 科学通报，54（17）：2 574-2 580.

张绍林，朱兆良，徐银华，1989. 黄泛区潮土—冬小麦系统中尿素的转化和化肥氮去向的研究[J]. 核农学报，3（1）：9-15.

张水勤，2018. 不同腐植酸级分的结构特征及其对尿素的调控[D]. 北京：中国农业大学.

张素君，赵景云，吴巍，等，1994. 东北黑土地区农业中磷残效的研究[J]. 土壤通报，25（4）：178-180.

张翔，索炎炎，毛家伟，等，2017. 钾用量与灌溉方式互作对土壤—烤烟系统钾素及烟叶品质的影响[J]. 土壤通报，48（3）：669-675.

张亚林，2016. 脲铵混合氮肥对主要粮食作物生长的影响研究[D]. 南京：南京农业大学.

赵秉强，2013a. 新型肥料[M]. 北京：科学出版社.

赵秉强，2013c. 发展尿素增值技术，促进尿素产品技术升级[J]. 磷肥与复肥，28（2）：6-7.

赵秉强，2016. 传统化肥增效改性提升产品性能与功能[J]. 植物营养与肥料学报，22（1）：1-7.

赵秉强，2019. 化肥产品创新与产业绿色转型升级[J]. 磷肥与复肥，34（10）：刊首语.

赵秉强，等，2012. 施肥制度与土壤可持续利用[M]. 北京：科学出版社.

赵秉强，李燕婷，李秀英，等，2007-10-3. 双控复合型缓释肥料及其制备方法：中国，ZL 200510051250.9[P].

赵秉强，李燕婷，林治安，等，2011-4-20. 一种腐植酸复合缓释肥料及其生产方法：中国，ZL 200810239733.5[P].

赵秉强，袁亮，李燕婷，等，2013b-10-23. 一种腐植酸尿素及其制备方法：中国，ZL 201210086696.5[P].

赵秉强，袁亮，李燕婷，等，2015-9-23. 一种腐植酸增效磷铵及其制备方法：中国，ZL 201310239009.3[P].

赵秉强，张福锁，廖宗文，等，2004. 我国新型肥料发展战略研究[J]. 植物营养与肥料学报，10（5）：536-545.

赵秉强，张福锁，李增嘉，等，2003a. 间作冬小麦根系数量与活性的空间分布及变化规律[J]. 植物营养与肥料学报，9（2）：214-219.

赵秉强，张福锁，李增嘉，等，2003b. 套作夏玉米根系数量与活性的空间分布及变化规律[J]. 植物营养与肥料学报，9（1）：81-86.

赵国钧，范凌，朱辰达，等，2001. 一种缓释长效脲醛肥料的制备[J]. 上海化工（18）：17-19.

赵玉芬，赵秉强，侯翠红，等，2018. 适应农业新需求，构建我国肥料领域创新体系[J]. 植物营养与肥料学报，24（2）：561-568.

郑维民，芦宏杰，1987. 石灰性土壤供钾状况及影响钾素移动固定因素的研究[J]. 河北农业大学学报，10（3）：49-57.

周丽平，2019. 过氧化氢氧化腐植酸的结构性及其对玉米根系的调控[D]. 北京：中国农业科学院.

周修冲，徐培智，姚建武，等，1994. 双季稻不同肥料连续配施效应试验[J]. 广东农业科学（5）：26-29.

朱兆良，2008. 中国土壤氮素研究[J]. 土壤学报，45（5）：778-783.

朱祖祥，1983. 土壤学[M]. 北京：农业出版社.

Hunter A H, 1980. Laboratory and greenhouse technique for nutrient suvey studies to determine the soil amendments required for optimum plant growth[M]. Agro. Services International. Inc.

Lachower D, 1940. The movement of potassium in irrigated and fertilized red sandy clay[J]. Journal of Agricultural Science, 30：498-502.

Marschner P, 2013. 高等植物矿质营养（原著第三版）[M]. 北京：科学出版社.

Munson R D, Nelson W L, 1963. Movement of applied potassium in soils[J]. Agricultural and Food Chemistry, 11（3）：193-201.

Rosolem C A, Almeida D S, Rocha K F, et al., 2018. Potassium fertilisation with humic acid coated KCl in a sandy clay loam tropical soil[J]. Soil Research, 56（3）：244-251.

Sebilo M, Mayer B, Nicolardot B, et al., 2013. Long-term fate of nitrate fertilizer in agricultural soils[J]. Proceedings of the National Academy of Sciences of the United States of America，110（45）：181 85-181 89.

Singh B，Sekhon G S，1978. Leaching of potassium in illitic soil profiles as influenced by long-term application of inorganic fertilizers[J]. Journal of Agricultural Science，Cambridge，91（1）：237-240.

Trenkel M E，2010. Slow- and Controlled-Release and Stabilized Fertilizers：An Option for Enhancing Nutrient Efficiency in Agriculture[M]. Second edition，International Fertilizer Industry Association，Paris.

Weil R R，Brady N C，2017. The Nature and Properties of Soils[M]. Fifteenth edition，Pearson Education Limited.

Zhang S L，Cai G X，Wang X Z，et al.，1992. Losses of urea-nitrogen applied to maize grown on a calcareous fluvo-aquic soil in North China Plain[J]. Pedosphere，2（2）：171 178.

第3章
化肥产品创新与产业升级

3.1 化肥产品创新与产业升级

植物矿质营养学说的创立，开启了化肥无效养分有效化产品创新过程，建立了现代化肥产业；植物营养与施肥理论的发展，为化肥有效养分高效化产品创新奠定了理论基础，绿色高效肥料产业也不断发展壮大。化肥产品创新驱动化肥产业不断转型升级，化肥产业可分为以下4个发展阶段。

3.1.1 初始化肥阶段：化肥产业1.0时代

化肥产业的第一个阶段是"初始化肥"阶段，代表性产品是草木灰和骨粉/磷矿粉等，其养分浓度低，且有效性较差，属于原始化肥，这一阶段可称为化肥产业的1.0时代。

草木灰是植物燃烧后的残灰，含有大量元素磷、钾及钙、镁、铁等中微量元素，因含氧化钙和碳酸钾，故呈碱性。早在我国西周时期（公元前11世纪到公元前8世纪）已认识到腐烂的植物或草木灰有利于植物生长（孙曦，1996）[1]。14世纪初叶，王祯在《农书·粪壤篇》中把草木灰列为一大类农家肥料①。草木灰的主要成分是碳酸钾，通常被认为是钾肥的一种，是中国传统农业中普遍施用的一种肥料，不仅补充钾素，还可

---

① 杜荣新，1996. 草木灰[M]//孙曦. 中国农业百科全书·农业化学卷. 北京：中国农业出版社：12.

补充磷、钙、硅及其他中微量元素,并具有土壤调理的作用。直至20世纪70年代以前,由于我国化肥短缺,广大农村仍有使用草木灰肥田的习惯,用作基肥、追肥、蘸根或叶面喷施。迄今,秸秆发电燃烧后的剩余的灰烬,经处理后依然可用作肥料或土壤调理剂。

骨粉和磷矿粉是由动物骨骼和磷矿经研磨、粉碎而制成的磷肥,原料容易获得,加工工艺简单。骨粉和磷矿粉是一种难溶性磷肥,含磷(P_2O_5)通常为20%~30%,因原料含磷不同而有所差异,肥效缓慢而持久。世界上最早的磷肥是骨粉,中国早在汉朝(公元前100年)已知骨粉肥田;在欧洲,亨德尔(Hunter)于1775年提议利用骨头作肥料,到19世纪30年代前后,在苏格兰等地建立了骨肥制造厂,骨粉在英国、德国、苏联等国家开始广泛应用[1]。骨粉主要作基肥施用,骨粉第一年的肥效相当于过磷酸钙的60%~70%[2]。我国曾对磷矿粉施用开展过大量而细致的研究,磷矿粉的肥效决定于磷矿的活性、施用土壤的性质和作物类型(鲁如坤等,1998)[195]。中国科学院南京土壤研究所采用以施用过磷酸钙或钙镁磷肥的产量为100,中等供磷强度的磷矿粉的产量为基准,平均相对增产百分数的方法,将植物对磷矿粉中磷的吸收能力划分成3种类型:①吸收能力强的植物,萝卜、油菜、荞麦、苕子、豌豆和蝴蝶豆等热带绿肥,磷矿粉第一年的相对肥效在70%~80%;②吸收能力中等的植物,大豆、饭豆、紫云英、花生、猪屎豆、田菁、玉米、马铃薯、芝麻和胡枝子等,相对肥效在40%~70%;③吸收能力弱的植物,谷子、小麦、黑麦、燕麦和水稻等,相对肥效在15%~30%[3]。

目前,草木灰、骨粉/磷矿粉这些古老的传统肥料,已经逐渐被化学钾肥和速效磷肥所替代,在生产中已经很少见了。

---

① 张耀栋,1996. 磷肥[M]//孙曦,中国农业百科全书·农业化学卷. 北京:中国农业出版社:181.

② 张耀栋,等,1980. 磷肥[M]//孙曦,农业化学[M]. 上海:上海科学技术出版社:105.

③ 张耀栋,1996. 磷矿粉[M]//孙曦,中国农业百科全书·农业化学卷. 北京:农业出版社:184.

3.1.2 低浓度化肥阶段：化肥产业2.0时代

化肥产业升级的第二个阶段是"低浓度化肥"阶段，代表性产品是氨水、碳铵、硫铵、过磷酸钙、钙镁磷肥等低浓度化肥，其养分浓度基本为14%~25%，一般不超过30%。20世纪80年代以前，我国化肥产业水平处于低浓度化肥阶段，这一阶段可称为化肥产业的2.0时代。

碳酸氢铵（NH_4HCO_3）简称碳铵，含氮（N）量17%左右，是用氨水吸收二氧化碳制成的。我国是世界上唯一的碳铵生产国，因碳铵制造工艺简单、投资少、建厂快，根据国情，我国曾于20世纪50年代中期提出大力发展小氮肥战略，1965年成功建立了碳化法合成氨流程制碳酸氢铵新工艺（张福锁等，2007）[10-22]，并迅速推广应用，使碳铵在20世纪70—80年代，一度成为我国氮肥主导品种，最高产量曾经达到1 013.8万吨（1996年，折纯），占氮肥总产量的50%左右。但是，碳铵因性质不稳定，极易挥发损失，从20世纪90年代开始，逐渐被浓度高、性质稳定的尿素所替代。据中国氮肥工业协会统计，2018年，我国碳铵产量只有不到100万吨（纯N），实物量500万吨，仅占氮肥总产量的2.3%。

氨水（含氮14%~17%）也曾是我国20世纪60—70年代重要的氮肥品种。但因其性质不稳定、有腐蚀性、储运和施用不便等问题，后来逐渐被碳铵替代，现已很少见了。

硫酸铵（含氮20%~21%）和氯化铵（24%~25%），多为产自其他化工行业的副产品，专门生产硫酸铵和氯化铵产品的企业不多。硫酸铵主要由炼焦、石油、有机合成等行业的回收氨，经硫酸中和制得。氯化铵通常是联合制碱（苏打）工业的副产品。我国20世纪70—80年代化肥短缺时期，硫酸铵和氯化铵大都单独施用，但目前主要用作复合肥生产的辅助原料，用以生产复合肥料。根据中国氮肥工业协会统计，2018年我国氯化铵和硫酸铵产量分别占到氮肥总产量的5.3%和7.6%。

普通过磷酸钙（Single Superphosphate，SSP）是低浓度（P_2O_5含量12%~20%）水溶性磷肥，由磷矿粉经硫酸酸化处理制成。早在1942年英国人劳斯（John Lawes）就获得了用硫酸和鸟粪化石生产过磷酸钙的专利，并于1843年建厂生产过磷酸钙商品肥料。100年后，我国于1942年在云南省昆明开始用昆阳磷矿石（含P_2O_5 37.9%）生产含有效P_2O_5 17%的过磷酸钙产品，它是我国第一个磷肥品种。过磷酸钙呈酸性，不仅含有水溶性磷，还可提供硫、钙等其他中微量元素，在我国南北方土壤上都具有很好的增产效果，曾是我国历史上施用量最大的磷肥品种，1998年最高产量达到476万吨（P_2O_5）（李志坚，2009），占磷肥总产量的71.8%。但是，过磷酸钙主要因为含磷量低，逐渐被高浓度磷铵所替代。2018年，我国普通过磷酸钙（SSP）产量只占磷肥总产量的3%，占比已经很小了。

热制法生产的钙镁磷肥（Fused Calcium Magnesium Phosphate，FCMP）含磷（P_2O_5）14%～19%，是呈碱性的枸溶性磷肥。钙镁磷肥不仅为作物提供磷素，还提供钙、镁、硅等营养元素，同时具有调理酸性土壤的功能。我国是世界上钙镁磷肥产销量最大的国家，最高产量（P_2O_5）曾经达到120.5万吨（1995年），占磷肥总产量的19.47%（汤建伟等，2018）。2000年以后，我国的钙镁磷肥产量逐渐下降，被高浓度磷肥所替代，生产企业由高峰时期的100多家，下降到目前的不足20家，产量（P_2O_5）已不足20万吨，实物产量只有100万吨左右，仅占磷肥总产量的1%。但是，在我国土壤酸化和中微量元素缺乏日趋严重的今天，钙镁磷肥作为土壤调理剂和提供中微量元素的功能开始受到人们的重视，钙镁磷肥产品的功能定位和作用也在悄然发生变化。

总的来讲，20世纪90年代以前，我国低浓度肥料产销量大、占主导地位，曾经为我国农业生产和粮食安全作出过巨大贡献。但是，随着经济发展和科技进步，碳铵、硫铵、过磷酸钙、钙镁磷肥等这些低浓度化肥逐渐被尿素、磷铵等高浓度品种所替代，从20世纪90年代开始，我国化肥产业逐渐转型升级进入高浓度化肥时代。另外，在我国20世纪70—80年代处于低浓度化肥时期，长效碳铵、包裹型缓释肥料、稳定性肥料等高效产品的研发也开始起步发展，为进入2000年后我国大面积开展绿色高效肥料的研发奠定了良好的基础。

3.1.3　高浓度化肥阶段：化肥产业3.0时代

化肥产业发展的第三个阶段是"高浓度化肥"阶段，代表性产品主要有尿素、磷铵、氯化钾和高浓度复合肥等，这些产品的养分浓度一般都超过30%，甚至大都超过40%乃至50%以上，具有肥效快、用量少、施用方便等优点。我国现阶段的化肥产业整体处于高浓度化肥产业阶段，这一阶段可称为化肥产业的3.0时代。

尿素是全球产销量最大的氮肥品种。当前，世界上尿素占氮肥总量的50%，我国比例更大，占到63.5%（2018年）。尿素是酰铵态氮肥，含N量≥45.0%（GB/T 2440—2017），由合成氨和二氧化碳在高温高压下直接合成。因尿素颗粒大小不同，通常分为小颗粒（直径0.85～2.80毫米）、中颗粒（直径1.18～3.35毫米）和大颗粒尿素（直径2.0～4.75毫米）3种，超大颗粒（直径4.0～8.0毫米）尿素数量很少。小颗粒和中颗粒尿素大都作基肥或追肥施用，大颗粒尿素多以掺混（BB）肥的形式施用，也可直接施用。

磷酸铵是目前生产中最常用的高浓度磷肥品种，主要包括磷酸一铵（MAP）和磷酸二铵（DAP）。世界上磷酸铵占磷肥产量的47%（2017年），我国则占到85%（2018年），比例更高。根据磷铵国家标准（GB/T 10205—2009），磷酸一铵因生产工艺（料浆浓缩和传统磷酸浓缩）和剂型（颗粒和粉状）不同，氮（N）、磷（P_2O_5）的含量要求不同，料浆法磷酸一铵（粒状和粉状）N≥9.0%、P_2O_5≥41.0%；传统法粒状磷酸一铵N≥9.0%、P_2O_5≥41.0%，粉状磷酸一铵N≥7.0%、P_2O_5≥46.0%。在我国，磷酸一铵直接施用的较少（约占10%），主要用作生产复合肥（约占70%）或掺混肥（约占20%）的原料。磷酸二铵根据生产工艺（料浆浓缩和传统磷酸浓缩）分为料浆法粒状磷酸二铵和传统法粒状磷酸二铵，其氮（N）、磷（P_2O_5）的含量要求为N≥13.0%、P_2O_5≥38.0%。在我国，磷酸二铵主要直接（约占65%）施用，或作掺混肥（约占35%）施用。

重过磷酸钙（Triple Superphosphate，TSP）是由磷酸分解磷矿粉制成的高浓度磷肥（P_2O_5含量40%～50%）。1872年，德国首先用湿法磷酸生产含P_2O_5 43%～45%的重过磷酸钙；1907年，美国在南卡罗来纳州查尔斯顿建成产能5 000吨/年的工厂，首先实现了商业化生产。我国于1976年在广西柳城磷酸盐化工厂建成产能5万吨/年的热法重过磷酸钙装置（张福锁等，2007）[44]，开始生产重过磷酸钙。2005年我国重过磷酸钙产量约48万吨（P_2O_5），占全国磷肥总产量的4.3%。2018年，我国重过磷酸钙（TSP）产量接近70万吨（P_2O_5），仍然占磷肥总产量的4%左右。

硝酸磷肥（Nitric Phosphate，NP）是由硝酸分解磷矿，经氨中和制得的含氮（13%～26%）、磷（P_2O_5 12%～20%）的复合肥料。由于硝酸磷肥受生产工艺复杂、成本高等因素影响，在我国的产业规模一直很小，1989年我国硝酸磷肥产量仅2.1万吨（实物），占磷肥总产量的0.56%；2005年硝酸磷肥产量62万吨（实物），占磷肥总产量的0.6%。近年来，磷铵副产物——磷石膏带来的环境压力逐渐增大，国家开始鼓励发展硝酸磷肥产业。

氯化钾（MOP，K_2O含量60%左右）、硫酸钾（SOP，K_2O含量50%左右）是我国最主要的钾肥品种。2017年，我国钾肥产量718万吨（K_2O），氯化钾和硫酸钾分别占到钾肥总产量的76.2%和21.0%。我国钾肥资源不足，钾肥的50%依赖进口。

复合肥料是指氮、磷、钾3种养分中，至少有两种养分标明量的由化学方法和（或）掺混方法制成的养分在同一个颗粒中的肥料（GB/T 15063—2009）；掺混肥料指氮、磷、钾3种养分中，至少有两种养分标明量的由干混方法制成的颗粒状肥料，也称BB肥（GB/T 21633—2008）。国家标准中，复合（混）肥料规定了N+P_2O_5+K_2O高浓度（≥40.0%）、中浓度（≥30.0%）、低浓度（≥25.0%）3类养分含量规格产品（GB/T 15063—2009），掺混肥料（BB肥）规定N+P_2O_5+K_2O养分含量≥35.0%（GB/T 21633—2008），但实际生产中，复合（混）肥、BB肥的养分含量大都≥40%，高者则超过50%。肥料浓度高，便于施用，尤其方便机械化一次性施肥。发达国家复合（混）肥料起步早，早在1850年，美国已有氮、磷二元复混肥料出售[①]，目前发达国家肥料复合化率已经超过70%。我国复合（混）肥料产业发展主要起步于20世纪80年代，目前复合（混）肥比例占到40%。复合（混）肥料作物专用化是重要发展方向。过去20年间，中国农业科学院农业资源与农业区划研究所、中国—阿拉伯化肥有限公司、深圳芭田生态工程股份有限公司等产学研用结合，研究创建了"延伸平衡法""肥效反应法"和"影响因子定量平衡法"制定区域作物专用复混肥农艺配方的原理与方法，构建了覆盖全国不同区域尺度的作物专用复合肥配方体系，破解了我国专用复合（混）肥"想生产、无配方"的产业难题。中国—阿拉伯化肥有限公司研究建立了大型料浆工艺生产灵活配方作物专用肥产业技术，深圳市芭田生态工程股份有限公司建立了大型高塔工艺生产灵活配方作物专用肥产业技术。上述工作，推动了我国作物专用复合肥料配方制定由模糊定性向精准定量转变，开创了以农业需求为导向、工艺与农艺相结合的复合肥产业发展新模式，引领我国复合肥走上作物专用化道路。总之，我国从20世纪90年代开始，高浓度化肥逐渐替代低浓度化肥的步伐加快。

目前，尿素、磷铵、氯化钾/硫酸钾、高浓度复合肥等在我国的化肥产品结构中占据主导地位。相比于低浓度化肥产业技术，高浓度化肥的生产技术复杂，装置大型化、自动化水平高。现阶段，我国的化肥产业水平整体处于高浓度化肥产业阶段。

3.1.4　绿色高效化肥阶段：化肥产业4.0时代

未来化肥产业发展的第四个阶段是"绿色高效化肥"阶段，代表性产品是绿色高效化肥，其本质特征是养分高效、利用率高，比常规化肥用量少、作物产量高、品质优，施肥环境风险小、保护土壤，绿色高

---

① 奚振邦，1996. 复混肥料[M]//孙曦，中国农业百科全书·农业化学卷. 北京：农业出版社：88.

产，促进土壤—肥料—植物—环境更加和谐发展。绿色高效化肥阶段可称为化肥产业的4.0时代。

化肥产业4.0时代建设是一个庞大的系统工程，需从绿色原料、绿色制造、绿色产品、绿色流通和绿色施用5个环节，全产业链、全生命周期构建绿色肥料产业体系。①绿色原料，首先保证制造肥料产品的原料是质量安全的，使用有污染或质量不安全的原料，不可能制成绿色环保的肥料产品；另外，肥料资源的利用方式应当是可持续的，肥料制造过程中的副产品或废弃资源，应当得到合理利用。②绿色制造，即建立低碳、环保、资源高效利用的肥料生态工艺制造技术，单位肥料产品的资源消耗少、能耗低、碳排放少，生产过程环保高效。③绿色产品，利用包膜缓释技术、生化抑制技术、合成微溶性氮肥技术、增值肥料技术等，将常规氮肥、磷肥、钾肥、复合肥、水溶肥转型升级为绿色高效产品，肥料产品养分利用率高，施用后环境负面效应小，环境友好。④绿色流通，是指肥料从产地到终端用户的流通环节少，流通过程中的碳排放少。⑤绿色施用，是指施用技术精准高效，肥料施用对环境的负面影响小。

高效肥料产品开发遵循的原则。①大产能、低成本原则。常规化肥（尿素、磷铵、复合肥）绿色转型升级最有效的技术途径，是绿色产品实现与常规化肥大型生产装置结合一体化生产，实现大产能、低成本，避免二次加工产能低、成本高的技术短板。载体增效制肥和增值肥料技术的发明，为破解绿色产品与常规化肥大型生产装置结合生产难题提供了科技支撑。②"肥料—作物—土壤"综合调控增效原则。绿色产品只有实现"肥料—作物—土壤"系统综合调控，才能更大幅度改善肥效。过去高效肥料产品开发，主要侧重对肥料减损失、防固定、优供应等营养功能的调控增效，忽视了对根系的促吸收调控增效。根系是吸收养分的主体，促进和调动根系吸收养分的能力，是高效产品开发的首要原则，新产品开发只有抓住促根吸收这个纲，肥料高效才能事半功倍，肥料利用率才会大幅度提高。③增效材料绿色安全环保原则。用于开发高效肥料产品的增效材料，无论是包膜材料、载体材料、生化抑制剂等，都要求绿色安全，不对植物、土壤、环境造成危害和产生负面影响。增效材料应选择天然物质或植物源材料，发挥其可降解、安全和环保的优点。

当前，肥料产业正处于绿色肥料体系建设和发展的过程之中。我国已初步建立了绿色高效肥料的理论、技术和产品体系，例如，尿素氮肥建立了包膜缓释、转化过程生化抑制、合成微溶、增效载体配伍等技术，形成了缓释肥料、稳定性肥料、脲醛肥料、增值尿素等绿色高效产品；高效磷肥创新通过防磷固定、增强移动性，改善供肥性，提高利用率，含腐植酸/海藻酸的高效增值磷铵在我国已经实现产业化，并且制定了国家化工行业标准（HG/T 5514—2019、HG/T 5515—2019）。近年来，随着增值肥料研究的兴起（赵秉强，2016），利用生物活性有机增效载体与水溶性钾肥科学配伍开始得到重视，通过促根吸收、减淋失、防固定，开发增值钾肥产品，提高钾肥的利用率。过去10年间，增值复合肥料研究也取得了可喜成果，腐植酸类、海藻酸类、氨基酸类增值复合肥料在山东恩宝公司、昊华骏化集团、中海石油化学、江西开门子肥业、深圳芭田公司、山东农大肥业等企业实现产业化。有关增值复合肥料的《海藻酸类肥料》（HG/T 5050—2016）、《腐植酸复合肥料》（HG/T 5046—2016）两项国家化工行业标准也已发布实施。

我国目前的绿色高效化肥产品占比不足20%，正处于化肥产业4.0时代的起步阶段，实现化肥产品全面绿色化，推动化肥产业绿色转型升级，构建我国绿色肥料体系尚有一段艰难的路要走，需要国家调动和凝聚政府、教学科研单位和原料、肥料、装备等生产企业等各方面的力量，为化肥产业4.0时代建设作出贡献。

3.2 中国农业发展与肥料产业变革

肥料产业服务于农业生产，国家经济水平、农业生产发展，尤其是生产体制变革，又对肥料产业的发展、产品创新等产生深刻影响。中华人民共和国成立70年来，中国农业取得了举世瞩目的成就，在这一过程中，农业发展与肥料产业变革呈现出阶段性特征，根据农业生产经营体制的变革、化肥产业技术发展、肥料产销模式的演变及化肥农业保障水平的变化等，将中国农业发展与肥料产业变革划分为4个阶段。

3.2.1　1949—1978年：化肥产销"肥料厂→供销社→农庄"模式

1949年中华人民共和国成立至1978年改革开放前这一段时间，我国农业生产以集体农庄规模化经营为主，实行计划经济管理，化肥短缺，肥料以有机肥为主，化肥为辅。1949年，我国有机肥提供养分的比例占99%，化肥年消费量还不到1万吨。到1978年，有机肥提供养分的比例下降到65%，化肥提供养分比例上升到35%。

这一时期，化肥生产企业主要是国营企业，实行计划管理，统购统销，肥料由供销社专营。由于当时国民经济基础薄弱，化肥产业技术相对落后，产能也较低，产品以氨水、碳铵、过磷酸钙等低浓度化肥为主，高浓度化肥较少。化肥产销模式是"肥料厂→供销社→农庄"模式。农用化肥施用量由1949年的0.7万吨增长到1978年的884万吨，粮食产量由1.13亿吨提高到3.05亿吨，人口由5.4亿增长到9.6亿，人均粮食由208千克提高到317千克，人均粮食产量仍在400千克温饱线以下。

这一时期，我国根据国情，发展工艺简单、投资少、建厂快的低浓度化肥战略，为迅速解决化肥短缺，促进农业生产作出了重要贡献，同时也为发展高浓度化肥积累了技术和经验。这一时期，我国的化肥产业整体处于低浓度化肥产业2.0时代。

3.2.2　1978—1998年：化肥产销"肥企→供销社→农户"模式

从1978年改革开放到1998年化肥流通市场化体制改革之前的20年间，农村实行联产承包责任制，由集体经营变为家庭农户承包经营，承包土地的农民在土地上扎实种田，种田积极性空前高涨。随着国民经济的发展，化肥供应由短缺发展到满足需求，有机肥提供养分的比例由1978年的65%下降到1998年的30%。

这一时期，化肥生产企业仍然主要是国有企业，化肥产销以计划为主，市场调节为辅，化肥销售仍以供销社专营为主。随着化肥产业技术发展，产业规模不断扩大，化肥由低浓度逐渐向高浓度发展，高效化肥研发开始起步。化肥的产销模式演变为"肥企→供销社→农户"模式。农用化肥施用量由1978年的884万吨增长到1998年的4 083万吨，粮食产量由3.05亿吨提高到5.12亿吨，人口由9.6亿增长到12.5亿，人均粮食由317千克提高到411千克，人均粮食产量越过400千克大关，温饱问题得到解决。

这一时期，我国化肥价格实行计划为主、市场为辅的"双轨制"，为以后的化肥市场化改革奠定了基础。这一时期也是化肥由低浓度逐渐向高浓度转型发展的过渡时期，为2000年以后进入高浓度化肥3.0时代，奠定了技术和经济基础。

3.2.3 1998—2018年：化肥产销"肥企→经销商→农户"模式

1998年是中国化肥产业发展史上具有里程碑意义的一年。1998年11月16日，国务院39号文提出进一步深化化肥流通体制改革，建立适应社会主义市场经济要求、在国家宏观调控下主要由市场配置资源的化肥流通体制，化肥取消指令性计划和统配收购计划，实行市场配置资源。有关部委以国务院39号文件为政策基础，相继出台了有关的配套政策，指导和推动化肥流通向市场经济迈进（张福锁等，2007）[34]。这一时期，国有化肥企业改制，民营化肥企业如雨后春笋般发展起来，形成了国企、民企、股份制共存的化肥产业新格局。

这一时期，随着经济的发展，大量青壮年农民进城务工，农村劳动力大量转移，城镇化进程加快，农户兼业化趋势明显，农民务工的收入比例不断提高，逐渐超过农业收入，农村呈现劳动力短缺局面，国家鼓励土地流转，高效肥料、简化施肥技术受到欢迎。国家高度重视农业发展和粮食安全，取消农业税，实行补贴和粮食保护价政策，施肥增产增收，2004—2015年我国粮食产量连续"十二连增"，粮食综合生产能力大幅提升。我国化肥产业技术水平快速发展，化肥生产装置大型化、自动化、智能化、现代化水平大幅提升，大型尿素、磷铵等产业技术达到国际先进水平，正在由化肥产销大国向强国迈进。高浓度化肥替代低浓度化肥占据主导地位，氮、磷肥出现产能过剩。化肥产销演变为"肥企→经销商→农户"模式，市场竞争异常激烈，化肥广告、促销等营销手段不断翻新，肥料产业创新多、概念多、施肥多，施肥环境矛盾突出。在肥料产业发展及市场竞争过程中，肥料企业及经销商逐步认识到高效化肥产品创新和农化技术服务的重要性，大量企业纷纷建立了新产品研发和农化服务队伍。农用化肥施用量由1998年的4 083万吨增长到高峰6 000万吨（2015年），成为世界化肥产销量最大的国家，化肥用量占到全世界的30%，粮食产量由5.12亿吨提高到6.57亿吨，人口由12.5亿增长到13.9亿，人均粮食由411千克提高到470千克，粮食保障水平进一步提高。

这一时期，也是我国化肥有效养分高效化产品创新发展最快的时期。学术界提出我国化肥质量替代数量发展战略（赵秉强等，2004）。国家将新型肥料发展列入《国家中长期科学和技术发展规划纲要（2006—2020年）》，通过863计划、科技支撑计划和重点研发计划等立项，持续资助研发高效肥料产品。高效化肥产品创新的理论、技术策略和产业途径不断发展，缓释肥料、稳定性肥料、脲醛类肥料、增值肥料等高效产品实现产业化，中国成为全球新型高效肥料研发的热点国家。系列中央1号文件（2007年、2012年）提出发展新型高效肥料，促进农业丰收。工信部《关于推进化肥行业转型发展的指导意见》（工信部原〔2015〕251号），鼓励发展绿色高效肥料。目前，我国高效肥料产销量居世界第一，为构建我国绿色肥料体系奠定了良好的基础。

这一时期，我国主要依靠增加化肥用量建立起的"高投入—高产出—高强度用地"农业高产体系，高产施肥环境矛盾日益突出。学术界于2015年5月6—8日组织召开了第526次香山科学会议，专题研讨"建立绿色肥料保障体系的关键科学问题"，提出构建国家绿色肥料体系战略（赵秉强，2019）。2015年，农业部发布《到2020年化肥使用量零增长行动方案》（农发〔2015〕2号）；2016年，科技部启动国家重点研发计划"化学肥料和农药减施增效综合技术研发"试点专项，推动我国化肥减施增效，协调高产施肥的环境矛盾。2019年中央1号文件《中共中央国务院关于坚持农业农村优先发展做好"三农"工作的若干意见》提出实现"化肥负增长"。我国从自2015年化肥用量达到高峰（6 000万吨）之后，化肥用量逐渐实现了零增长和负增长，2018年化肥用量下降到5 653万吨。未来我国作物增产不再依赖化肥用量的增加，而是在不增加或减少化肥用量的情况下，通过科技创新，提高效率，保障高产和粮食安全。

3.2.4　2018—2038年：化肥产销"肥企→服务商→规模农户"模式

中国进入了新时代，未来20年，城镇化将进一步发展，农业人口将进一步减少；农业生产经营走向规模化，新型职业农民大量涌现；农业走向产业化、高质量化、绿色化。中国人多耕地少，农业人口很难像发达国家那样占比达到5%以下，中国农业现代化可能既走不了日本国家"小规模、高农产品价格"保障农民收入的路子，也走不了欧美"低农产品价格、靠规模效益"保障农民收入的路子，根据国情，可能只有走有中国特色的"适度高的农产品价格、适度规模效益"保障农民收入的现代化农业之路。未来，随着我国农业规模化、产业化的发展，农业生产更加重视成本和综合经济效益。

未来20年，我国的化肥产业将加快构建绿色肥料体系，逐渐升级转型到绿色高效化肥的产业4.0时代。化肥质量提升，用量下降，农业增产依靠提高效率而非增加化肥用量，全国化肥用量将进一步下降，真正实现质量替代数量发展。科学施肥水平进一步提高，化肥经销商变为服务商，产销模式演变为"肥企→服务商→规模农户"模式。预测未来20年，我国农业化肥用量由2015年高峰的6 000万吨下降到5 000万吨左右，粮食产量由6.57亿吨提高到7.5亿吨，人口由13.9亿增长到15亿，人均粮食占有量由470千克提高到500千克。

中国农业发展与肥料产业变革启示我们，化肥作为支农产业，其发展除了受到行业内部自身发展规律的影响外，社会经济、政策、科技、农业经营体制等对化肥产业的发展具有深远影响，掌握这些影响规律，将更好地把握化肥产业未来的发展方向。

参考文献

杜荣新，1996. 草木灰[M]//孙曦. 中国农业百科全书·农业化学卷. 北京：中国农业出版社：12.

李志坚，2009. 化肥工业60年发展历程与经验启迪[J]. 中国石油和化工经济分析（10）：26-30.

鲁如坤，等，1998. 土壤—植物营养学原理与施肥[M]. 北京：化学工业出版社.

孙曦，1980. 农业化学[M]. 上海：上海科学技术出版社.

孙曦，1996. 中国农业百科全书·农业化学卷[M]. 北京：农业出版社.

汤建伟，许秀成，化全县，等，2018. 新时代我国低浓度磷肥发展的新机遇[J]. 磷肥与复肥，33（5）：8-15.

张福锁，张卫峰，马文奇，等，2007. 中国化肥产业技术与展望[M]. 北京：化学工业出版社.

赵秉强，2016. 传统化肥增效改性提升产品性能与功能[J]. 植物营养与肥料学报，22（1）：1-7.

赵秉强，2019. 化肥产品创新与产业绿色转型升级[J]. 磷肥与复肥，34（10）：刊首语.

赵秉强，张福锁，廖宗文，等，2004. 我国新型肥料发展战略研究[J]. 植物营养与肥料学报，10（5）：536-545.

下　篇

增值肥料

　　化肥有效养分高效化产品创新和产业发展，走过了50多年的历程，缓释肥料、稳定性肥料、脲醛类肥料的产业技术不断成熟和完善，产业规模逐渐扩大。过去20年间，增值肥料的产生，丰富和发展了高效化肥产品创新的理论、技术策略和产业途径，形成了新产业。

第4章
增值肥料有关的概念、范畴与增效原理

4.1 增值肥料有关的概念、范畴及技术特点

4.1.1 增值肥料有关的概念与范畴

肥料增效载体：主要是指利用腐植酸类、海藻提取物、氨基酸类、微生物代谢物等原材料，通过物理、化学、生物等加工技术将其制成具有生物活性、与化肥配伍后能通过调控"肥料—作物—土壤"系统而改善化肥肥效的增效材料，这些由天然/植物源材料制成的肥料增效载体，不仅可以提高肥料利用率，而且具有环保安全性。

载体增效制肥技术：指将环保安全的生物活性增效载体与化肥融合配伍制备高效化肥产品的技术。例如，将腐植酸增效载体与尿素融合制备腐植酸增值尿素。

增值肥料：利用载体增效制肥技术，将安全环保的生物活性增效载体与化学肥料科学配伍，通过综合调控"肥料—作物—土壤"系统改善肥效的肥料增值产品。增值肥料生产一般与尿素、磷铵、复合肥生产装置结合，无须二次加工。

增值尿素：将安全环保的生物活性增效载体，添加到尿素生产工艺中，与尿素生产装置结合生产的高效尿素产品。生产中，含有腐植酸、海藻酸、氨基酸增效载体的尿素高效产品，通常分别称作腐植酸增值尿素、海藻酸增值尿素和氨基酸增值尿素。

增值磷酸铵：将安全环保的生物活性增效载体，添加到磷铵生产工

艺中，通过磷酸一铵或磷酸二铵造粒工艺技术制成的一类含增效载体的磷酸一铵/酸磷酸二铵产品，与常规磷酸一铵/磷酸二铵相比，具有减少磷固定、增强磷移动等效果。生产中，含腐植酸、海藻酸、氨基酸增效载体的磷酸一铵/磷酸二铵，通常分别称作腐植酸增值磷酸一铵/磷酸二铵、海藻酸增值磷酸一铵/磷酸二铵、氨基酸磷酸一铵/磷酸二铵。

增值复合肥料：将安全环保的生物活性增效载体，添加到不同的复合肥生产工艺中，通过复合肥造粒工艺技术制成的一类含增效载体的复合肥高效产品。生产中，含腐植酸、海藻酸、氨基酸增效载体的复合肥料，通常分别称作腐植酸增值复合肥料、海藻酸增值复合肥料、氨基酸增值复合肥料。

4.1.2　增值肥料的技术特点

载体增效制肥：增值肥料利用环保安全的生物活性增效载体与肥料科学配伍制备高效化肥产品，属载体增效制肥技术范畴。

增效载体通常由天然/植物源材料制成，安全环保：增值肥料的增效载体主要由腐植酸类、海藻提取物、氨基酸类等天然/植物源材料制成，绿色安全，不对植物、土壤、环境造成危害和产生负面影响。

综合调控"肥料—作物—土壤"系统增效：增值肥料的增效技术途径为综合调控"肥料—作物—土壤"系统，除调控肥料减损失、防固定和优化供肥性外，重视对根系生长、活性和分布调控，并对大、中、微量元素综合调控，活化土壤中的营养元素。

增效载体微量高效：增效载体在肥料中的添加量一般不超过5‰（有效成分），基本不影响肥料养分含量。

与化肥大型生产装置结合生产，大产能、低成本：增值肥料通过研发微量高效载体，与尿素、磷铵、复合肥等大型化肥生产装置结合一体化生产，避免二次加工，突破了高效肥料产品普遍存在的产能低、成本高的技术短板。

4.2　增值肥料的增效原理

　　增值肥料改变了过去单纯依靠调控肥料营养功能改善肥效的技术策略，通过生物活性增效载体与肥料科学配伍，实现了对"肥料营养功能—作物吸收功能—土壤环境功能"的综合调控增效（图4-1），更大幅度提高肥料利用率（赵秉强，2016）。

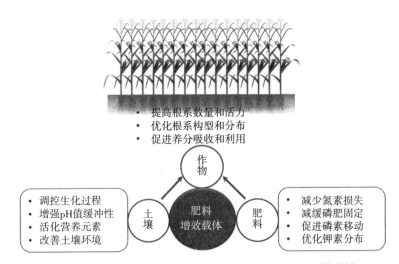

　　提高根系数量和活力
　　优化根系构型和分布
　　促进养分吸收和利用

图4-1　增值肥料对"肥料—作物—土壤"综合调控增效

4.2.1　调控肥料营养功能增效

　　腐植酸类、海藻类、氨基酸类等增效载体与氮、磷、钾等化肥配伍结合后，通过调控肥料养分在土壤中的释放、转化、移动、损失、固定等过程，优化肥料的供肥性，提高肥料利用率。

4.2.1.1　氮素增效调控

　　氮肥活性高、损失途径多、损失量大，是制约其高效利用的重要因素（赵秉强，2016）。增效载体与普通氮肥复合配伍制成的增值氮肥，其在土壤中的转化、损失、运移等过程与普通氮肥不同，因而表现出与普通氮肥不同的供肥性和养分利用特征。

　　大量研究结果表明，含有腐植酸、海藻提取物、氨基酸的增值尿素施入土壤后水解速度慢于普通尿素，氨挥发损失减少（刘增兵等，2010；李伟等，2013；袁亮，2014a；张水勤等，2017a）。由表4-1看出，培养试验条件下，含有增效载体的增值尿素在土壤中的水解动态与普通尿素不同，培养的前3天（0.5天、1天、2天、3天）测定，各增值尿素的酰铵态氮残留率高于普通尿素，以脲酶活性较高的潮土上效果较为明显。3个增值尿素之间的土壤尿素残留率差异较小。

表4-1　增值尿素在潮土和红壤中的尿素态氮残留量（毫克/千克）

（袁亮，2014a）

	处理	0.5天	1天	2天	3天	5天	7天	平均
潮土	普通尿素	231.65b	145.87b	70.48b	64.13b	30.43a	13.46a	92.67
	海藻酸尿素	237.59ab	167.91a	91.69a	85.15a	30.68a	13.57a	104.43
	腐植酸尿素	236.77ab	166.20a	90.47a	79.93a	31.45a	13.92a	103.12
	氨基酸尿素	241.72a	173.23a	89.37a	76.81a	30.58a	13.53a	104.21
红壤	普通尿素	242.10a	224.08a	207.40a	190.73b	148.65a	106.58a	186.59
	海藻酸尿素	247.40a	230.08a	212.07a	194.07ab	152.76a	111.45a	191.31
	腐植酸尿素	246.00a	227.83a	213.58a	199.34a	157.43a	115.53a	193.29
	氨基酸尿素	245.83a	229.82a	215.26a	200.69a	154.61a	108.54a	192.46

　　注：土壤培养试验，培养温度25℃，土壤含水量为田间最大持水量的60%。海藻酸增效液、腐植酸增效液和谷氨酸增效液分别按添加量为2‰、5‰、5‰（固形物）加入熔融尿素中，制成海藻酸尿素、腐植酸尿素、氨基酸尿素，普通尿素也经过相同的熔融过程。同列同栏目字母表示5%水平差异显著性。

　　由表4-2看出，腐植酸与尿素的结合工艺不同，对尿素在土壤中的转化过程也有明显影响。熔融工艺比物理混合工艺更容易减缓尿素在土壤中的水解，熔融工艺微量添加腐植酸的尿素（HAU0.5）减缓尿素水解的效果与物理混合工艺高量添加腐植酸的尿素（HA+U5）接近。

　　由表4-3看出，增值尿素的氨挥发损失明显低于普通尿素，其中，以脲酶活性较高的潮土上效果更为明显。增值尿素随海藻酸增效液（A）、腐植酸增效液（HA）和谷氨酸增效液（G）添加量的提高，土壤氨挥发量表现出一定的下降趋势，但整体看，差异不是十分明显。

表4-2　不同培养时间下不同处理的尿素态氮含量（毫克/千克）

（于正国，2019，未发表资料）

处理	6小时	12小时	1天	2天	3天	平均
CK	0.1d	0.2d	0.3d	0.6d	0.1a	0.24
U	296.8c	271.9c	245.5c	68.4bc	0.1a	176.5
HA+U0.5	306.6bc	281.0c	262.9bc	50.8c	0.0a	180.3
HAU0.5	320.9b	299.6c	271.4b	84.2ab	0.0a	195.2
HA+U5	361.6b	316.9b	248.3bc	69.0bc	0.0a	199.2
HAU5	545.2a	429.7a	301.1a	101.9a	0.1a	275.6

注：潮土培养（25℃）试验。施氮量为0.3克/千克，含水量为田间持水量的60%。CK是空白处理、U是普通尿素、HA+U0.5是0.5%添加量的掺混腐植酸尿素、HAU0.5是0.5%添加量的熔融腐植酸尿素、HA+U5是5%添加量的掺混腐植酸尿素、HAU5是5%添加量的熔融腐植酸尿素。同列中字母表示5%水平差异显著性。

表4-3　增值尿素在潮土和红壤上的氨挥发特征（毫克/盆）

（袁亮，2014a）

产品类型		潮土		红壤	
		15℃	25℃	15℃	25℃
普通尿素	U	2.944a	9.482a	0.439a	0.687a
海藻酸增值尿素	A1U	2.384b	5.674b	0.420ab	0.598b
	A2U	2.336bc	4.939c	0.399b	0.583b
	A3U	2.165c	4.791c	0.399b	0.584b
腐植酸增值尿素	HA1U	2.458b	6.660b	0.423a	0.616b
	HA2U	2.356b	6.331b	0.406b	0.593bc
	HA3U	2.173c	5.343b	0.409b	0.584c
氨基酸增值尿素	G1U	2.490b	7.327b	0.433a	0.620b
	G2U	2.397bc	7.022b	0.430a	0.598b
	G3U	2.288c	6.275b	0.428a	0.598b

注：土壤培养试验。U为普通尿素；将海藻酸增效液（A）按1‰、2‰、5‰，腐植酸增效液（HA）和谷氨酸增效液（G）按2‰、5‰、10‰的添加量（固形物）加入熔融尿素中，制成海藻酸增值尿素（A1U、A2U、A3U）、腐植酸增值尿素（HA1U、HA2U、HA3U）和谷氨酸增值尿素（G1U、G2U、G3U）。表中数据为培养1~35天测定的累计值。同列同栏目字母表示5%水平差异显著性。

图4-2为潮土培养条件下（25℃）不同腐植酸含量的增值尿素和普通尿素氨挥发累计动态变化（李军，2017a）。U为普通尿素，HAU1、

HAU2、HAU3、HAU4分别为含腐植酸1%、5%、10%、20%的腐植酸尿素。由图4-2结果看出，培养期间，普通尿素U的氨挥发量高于各腐植酸尿素处理；增值尿素土壤氨挥发累计量并没有随腐植酸含量增加而明显下降，相反还有不同程度的提高，具体原因有待进一步研究。

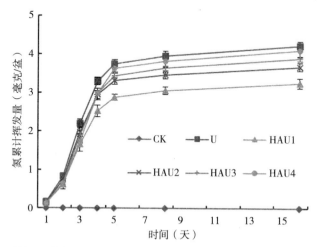

图4-2 普通尿素与腐植酸尿素的土壤氨挥发动态变化（李军，2017a）

鉴于增值尿素具有减少氨挥发的效果，含腐植酸尿素（HG/T 5045—2016）、含海藻酸尿素（HG/T 5049—2016）化工行业标准中，专门规定了增值尿素氨挥发抑制率≥5%的指标。

尿素在土壤中水解后首先形成铵态氮，然后，铵态氮在好气条件下氧化为硝态氮，二者构成土壤矿质氮。因尿素在土壤中的水解过程和氨挥发损失的不同，增值尿素与普通尿素有着不同的土壤矿质氮动态变化特征，从而影响供肥性。从表4-4看出，在潮土上，培养前期（前3天），增值尿素的土壤NH_4^+-N含量低于普通尿素，之后（5天以后），二者差异较小，并且增值尿素土壤NH_4^+-N含量有呈现出稍高于普通尿素的趋势。培养期间，潮土NO_3^--N含量的变化规律与NH_4^+-N相似，前期（前3天）增值尿素的NO_3^--N含量低于普通尿素，后期（5天以后），二者差异较小，或有增值尿素NO_3^--N含量稍高于普通尿素的趋势。红壤上的结果与潮土的有相似之处，但也有差异，这可能与红壤脲酶活性较潮土的偏低有关。由表4-4结果亦看出，不同增值尿素产品之间的土壤铵态氮或硝态氮含量的差异较小。

表4-4 增值尿素对潮土和红壤NH$_4^+$-N和NO$_3^-$-N含量的影响（毫克/千克）

（袁亮，2014a）

土壤及处理		0.5天	1天	2天	3天	5天	7天	10天	14天	21天
潮土	铵态氮 U	47.55a	123.21a	152.64a	84.67a	37.36a	6.15a	5.45a	4.75a	5.59a
	AU	43.71a	108.19b	140.06b	71.90b	39.41a	8.13a	6.95a	5.77a	6.08a
	HAU	44.58a	110.11b	146.3ab	75.07b	38.27a	7.42a	6.85a	6.28a	6.34a
	GU	40.24a	106.48b	150.73a	74.95b	39.82a	8.83a	7.51a	6.20a	5.80a
	硝态氮 U	8.60a	21.61a	83.23a	144.84a	156.14a	167.45a	111.93a	56.41ab	52.70a
	AU	6.20b	13.18b	74.79b	136.40ab	153.21a	170.02a	111.08a	52.14b	53.54a
	HAU	6.18b	13.08b	73.77b	134.46b	151.65a	168.85a	111.68a	54.51ab	54.77a
	GU	5.32b	9.23c	72.46b	135.68b	153.14a	170.60a	115.63a	60.66a	54.27a
红壤	铵态氮 U	52.01a	69.71a	85.69a	101.67a	141.65a	181.63a	192.30a	202.96a	204.95a
	AU	46.58b	63.79b	81.28a	98.78ab	138.06ab	177.33a	187.20a	197.08a	196.29a
	HAU	48.16b	66.10ab	79.72a	93.34b	133.03ab	172.73a	188.94a	205.15a	200.45a
	GU	48.89b	64.82b	78.48a	92.14b	136.20ab	180.27a	188.94a	197.61a	199.18a
	硝态氮 U	5.89a	6.22a	6.91a	7.60a	9.69a	11.79a	19.13a	26.47a	45.49a
	AU	6.02a	6.13a	6.64a	7.16a	9.19a	11.22a	19.40a	27.58a	46.55a
	HAU	5.84a	6.07a	6.70a	7.33a	9.53a	11.74a	19.33a	26.92a	42.42a
	GU	5.28a	5.36a	6.27a	7.17a	9.19a	11.20a	18.60a	26.01a	38.70a

注：0~20厘米耕层土壤培养（25℃）试验，土壤含水量为田间最大持水量的60%。海藻酸增效液、腐植酸增效液和谷氨酸增效液分别按添加量为2‰、5‰、5‰（固形物）加入熔融尿素中，制成海藻酸尿素（AU）、腐植酸尿素（HAU）、氨基酸尿素（GU），普通尿素（U）也经过相同的熔融过程。具体试验处理详见袁亮（2014a）。同列同栏目字母表示5%水平差异显著性。

图4-3、图4-4分别为潮土培养条件下（25℃）不同腐植酸含量的增值尿素和普通尿素土壤铵态氮和硝态氮的动态变化（李军，2017a）。U为普通尿素，HAU1、HAU2、HAU3、HAU4分别为含腐植酸1%、5%、10%、20%的腐植酸尿素。由图4-3结果看出，土壤培养期间（前3天）腐植酸增值尿素的土壤铵态氮含量低于普通尿素，之后，则高于普通尿素

或二者接近。从土壤硝态氮变化规律看（图4-4），增值尿素与普通尿素比较，前期（3天前）二者互有高低，中期（7~19天）增值尿素高于普通尿素，之后，结果则以增值尿素为高。增值尿素随腐植酸含量增加，土壤铵态氮或硝态氮含量似有不同程度的增高趋势。

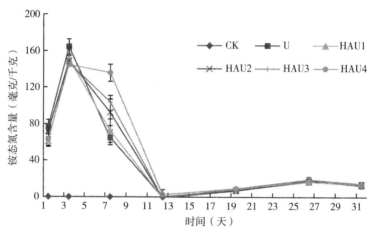

图4-3 普通尿素与腐植酸尿素的土壤铵态氮（NH_4^+-N）动态变化（李军，2017a）

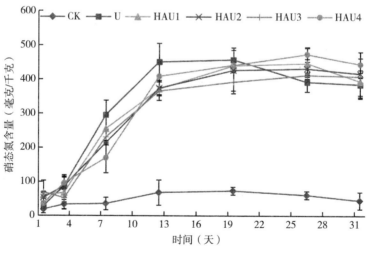

图4-4 普通尿素与腐植酸尿素的土壤硝态氮（NO_3^--N）动态变化（李军，2017a）

孙凯宁（2010）研究了风化煤（原粉）、腐植酸、味精尾液（脱盐）与尿素熔融造粒制成的增值尿素在培养条件下土壤矿质氮（NH_4^+-N、

NO_3^--N）含量的变化特征，研究结果也表明，培养前期（1～2周），增值尿素土壤NH_4^+-N和NO_3^--N的含量多低于普通尿素，而培养4周时测定，增值尿素的土壤NH_4^+-N和NO_3^--N的含量接近或高于普通尿素。

增值尿素因有增效载体作用而较普通尿素呈现缓释长效的特点。刘增兵等（2009b）在潮土上利用培养间歇淋洗法，监测不同尿素产品的淋洗液氮浓度随时间延长的变化。根据测定淋洗液中氮摩尔浓度随时间变化，运用Logarithmic方程拟合，计算不同尿素产品氮素完全释放所需要的时间。结果发现，普通尿素的释放时间为12.04天，而不同类型的腐植酸增值尿素为10.95～20.53天，平均14.76天。普通尿素处理在24小时内淋洗液中的氮浓度迅速下降，到48小时时已经接近为零；而腐植酸增值尿素处理的淋洗液中氮浓度前期大都低于普通尿素，之后则高于普通尿素，持续1～2周淋洗液氮浓度才接近为零。孙凯宁（2010）运用上述相似的方法，研究了风化煤（原粉）、腐植酸、味精尾液（脱盐）与尿素熔融造粒制成的增值尿素的缓释性，结果表明，与普通尿素相比，试验期间（2小时至4周），增值尿素的矿质氮（NH_4^+-N、NO_3^--N）累积淋洗量大都明显低于普通尿素，各类增值尿素均表现出明显的缓释性能。

不同尿素产品氮素在土壤中的运移试验结果表明（刘增兵，2009a），腐植酸尿素处理在土壤中的氮素移动性明显低于普通尿素，在0～80厘米，普通尿素在40～60厘米深度出现氮的积累高峰，而0～20厘米和20～40厘米则含氮量较低；而增值尿素大都没有出现差异很大的氮素积累峰，氮素较多留在0～20厘米和20～40厘米土层内。上述结果说明，腐植酸增值尿素相比普通尿素可能具有较强的抗氮素淋洗损失能力。

由图4-5结果看出，腐植酸增值尿素（HAU1、HAU2、HAU3、HAU4）的氮素淋出量显著低于普通尿素（U）处理，较普通尿素处理减少6.67%～19.72%，并且随着腐植酸添加量的增加（HAU1、HAU2、HAU3、HAU4中腐植酸的添加量分别为1%、5%、10%、20%），腐植酸尿素的氮素淋溶出量减少（李军，2017a）。

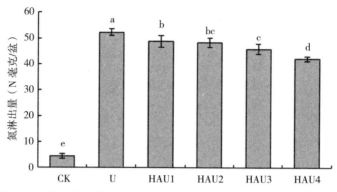

图4-5　腐植酸尿素对土壤氮素淋出量的影响（李军，2017a）

4.2.1.2　磷素增效调控

水溶性磷肥施入土壤后容易与土壤中的钙、铁、铝等离子发生反应而固定退化，成为制约磷肥高效利用的重要因素（赵秉强，2016）。腐植酸、海藻提取物、氨基酸等增效载体与水溶性磷肥结合制成的增值磷肥施入土壤后，磷素的固定明显较普通磷肥减少（杨志福，1986；李志坚等，2013b；李军，2017a；马明坤等，2019）。表4-5为不同磷肥产品加入土壤培养监测的土壤速效磷含量变化结果，由表中数据可看出，等磷投入条件下，含有增效载体的各增值磷肥产品的土壤速效磷含量高于普通磷肥（P）产品，培养到第180天，计算磷肥固定率，普通磷肥（P）的磷素固定率比增值磷肥高2.95～8.53个百分点。增值磷肥减少磷的固定，保持较高的土壤速效磷含量，有利于改善土壤供磷性能。另外，试验研究也表明，不同磷肥产品在土壤中培养180天后，与普通磷肥相比，增值磷肥均提高土壤Ca_2-P、Ca_8-P和Al-P含量，减缓Al-P向Fe-P的转化（李志坚等，2013b；李军，2017a）。腐植酸等增效载体减缓速效磷向迟效、无效态的转化，对提高磷肥利用率有益（杨志福，1986；杨志福等，1990）。鉴于增值磷肥具有减少磷固定退化的效果，《含腐植酸磷酸一铵、磷酸二铵》（HG/T 5514—2019）和《含海藻酸磷酸一铵、磷酸二铵》（HG/T 5515—2019）两项增值磷铵产品国家化工行业标准中，专门规定了水溶性磷固定差异率≥25%的指标。

表4-5　土壤培养（25℃）下不同磷肥产品对土壤有效磷
含量的影响（P_2O_5，毫克/千克）

（李志坚，2013a）

处理	3天	14天	42天	60天	97天	120天	150天	180天	磷固定率（%）
CK	10.36b	10.32b	8.15d	8.26c	7.34e	8.87c	5.92g	6.91g	—
P	77.48a	78.16a	57.64c	52.07b	47.76d	39.92b	37.68f	37.65f	76.53
H1-P	85.4a	80.53a	66.65b	56.99ab	53.07abcd	46.13ab	43.56e	41.51e	73.58
H2-P	83.93a	72.36a	69.78ab	62.31a	51.06bcd	52.84a	46.31cde	44.57cd	71.25
H3-P	92.14a	72.56a	71.44ab	57.76ab	53.73abc	45.46ab	45.00e	47.37abc	69.11
A1-P	90.64a	75.19a	66.75b	55.47ab	52.59abcd	54.50a	45.91cde	44.97bcd	70.94
A2-P	89.24a	80.46a	70.56ab	57.17ab	54.20abc	49.37ab	45.92cde	45.51bc	70.53
A3-P	92.44a	79.36a	74.18a	58.75ab	50.25cd	49.37ab	48.67cd	42.45de	72.87
G1-P	91.21a	79.59a	71.15ab	61.77a	56.73a	48.43ab	49.18bc	44.97bcd	70.94
G2-P	89.48a	76.81a	70.23ab	61.49a	56.40ab	51.94ab	53.88a	47.77ab	68.80
G3-P	84.14a	74.55a	66.87b	60.11a	56.12ab	50.86ab	52.71ab	48.83a	68.00

注：CK为空白对照，P为普通磷酸一铵，H1-P、H2-P、H3-P为分别按2‰、5‰、10‰腐植酸增效液添加量（固形物）制备的腐植酸磷酸一铵，A1-P、A2-P、A3-P为分别按0.5‰、2‰、5‰海藻发酵液添加量（固形物）制备的海藻磷酸一铵，G1-P、G2-P、G3-P为分别按2‰、5‰、10‰谷氨酸增效液添加量（固形物）制备的谷氨酸磷酸一铵。固定率（180天）以P_2O_5计算。供试土壤为潮土。具体试验处理详见李志坚（2013a）。同列中字母表示5%水平差异显著性。

　　磷酸根离子在土壤中的移动性很差，又是制约磷肥高效利用的另一重要因素（第2章2.2节），提高磷肥在土壤中的移动性，是改善磷肥肥效和提高磷肥利用率的重要技术策略。杨志福等（1982）利用^{32}P研究腐植酸对磷肥在土壤中移动深度及有效性的影响，结果表明，过磷酸钙和磷酸铵添加腐铵、硝基腐铵、氯化腐铵后，不仅能抑制土壤对磷的固定，增加示踪磷肥在土壤中的有效磷含量，并且添加各种腐铵后，有促进示踪磷肥向下移动的趋势，其增加深度为1~3厘米，对过磷酸钙的影响效果优于磷酸铵。硝基腐铵与磷酸铵混合施用，比硝基腐铵与土先混合再施磷酸铵，能促进有效磷向下层移动，有效磷百分率高。由表4-6结果看出，增值磷铵产品的磷素淋洗量均大于普通磷肥，培养1~40天，腐植酸、海藻酸、氨基酸增值磷铵的磷素累积淋洗总量分别比普通磷铵提高61.6%、69.3%和24.5%（李志坚，2013a）。增值磷肥磷素淋洗量的提高，可能是其磷肥防固定和移动性强综合作用的结果。

表4-6　不同磷肥产品在土柱模拟试验中的磷淋洗量（P_2O_5，微克/盆）

（李志坚，2013a）

处理	1天	2天	3天	5天	10天	16天	23天	32天	40天	总量
CK	31.86	27.45	25.20	20.17	32.60	10.69	9.31	24.20	20.43	201.91
P	77.17	31.14	23.82	29.60	36.39	25.61	15.84	36.64	36.64	312.85
H-P	78.48	36.93	64.06	56.59	49.70	55.36	31.73	86.95	45.83	505.64
A-P	63.64	52.26	48.87	55.65	87.86	78.85	38.39	53.28	50.70	529.51
G-P	37.96	22.45	20.64	47.48	68.53	44.87	34.65	50.80	61.99	389.36

注：玻璃淋洗柱高15厘米、直径3.5厘米。供试土壤为潮土。CK为不施磷肥处理，P为普通磷酸一铵处理，H-P、A-P、G-P分别为腐植酸、海藻酸、氨基酸增值磷酸一铵处理，磷肥添加量均为P_2O_5 0.2克/千克风干土。具体试验处理详见李志坚（2013a）。

4.2.1.3　钾素增效调控

钾肥的土壤固定是影响其高效利用的重要因素（第2章2.3节）。冲积土和红黏土在淹水条件下，土壤对钾的吸收、固定较少，但钾肥添加风化煤、腐铵后仍能减少土壤对钾的吸收，提高速效钾含量；干湿交替条件下土壤对钾的吸收和固定显著增加，而腐植酸钾或KCl加风化煤均能减少土壤对钾的吸收和固定（杨志福，1986）。在江西红壤上设置土壤培养（25℃）试验，研究K（氯化钾）、HK1（海藻增效液按5‰固形物量添加到氯化钾中）、HK2（海藻增效液按10‰固形物量添加到氯化钾中）、FK1（腐植酸增效液按5‰固形物量添加到氯化钾中）、FK2（腐植酸增效液按10‰固形物量添加到氯化钾中）施入土壤后，土壤速效钾含量的动态变化（图4-6）。由图4-6看出，不同类型的增值钾肥（HK1、HK2、FK1、FK2）施入土壤后，土壤速效钾含量均高于普通钾肥（K），说明增值钾肥的供钾能力优于普通钾肥（李军，2017，未发表资料）。

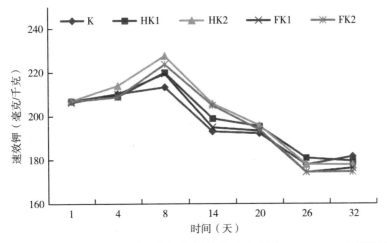

图4-6 增值钾肥对江西红壤速效钾含量的影响（李军，2017，未发表资料）

腐植酸与钾肥复合制成的腐植酸钾肥具有缓释长效功能。沙壤土上淋洗试验结果表明，腐植酸钾肥前期释放速率低于普通钾肥，而后期速率则高于普通钾肥（王振振等，2012）。腐植酸与氯化钾共施没有明显改变肥料钾在褐土中的迁移距离，但明显增加了交换性钾含量以及在土壤中的迁移量，减少了非交换性钾的含量和迁移量（杜振宇等，2012），说明共施腐植酸减少了土壤晶格对钾离子的固定，提高了外源钾在褐土中的有效性。

不同有机物料与硫酸钾复合制成有机/无机复合肥料，有利于减缓土壤对钾肥的固定，等钾量施入土壤后速效钾含量明显高于普通硫酸钾（杜伟，2010），有机物料的类型不同，其与钾肥复合后防钾固定的效果存在较大差异。另外，钾肥淋洗试验结果表明，尽管有机/无机复合钾肥施入土壤后的速效钾含量较高（因为钾固定少），但其钾素淋洗量却与普通硫酸钾差异很小，说明了有机物料与速效钾肥复合可能有减缓钾肥移动的趋势（杜伟，2010）。

4.2.1.4 中微量元素增效调控

中微量元素施入土壤后多数容易被土壤固定而影响吸收利用。腐植酸具有螯合中微量元素的能力，减少固定，促进吸收利用。例如，将铁肥中添加黄腐酸制成黄腐酸铁，与$FeCl_3$比较，大豆根部吸收总量增加32.8%，向叶片中转移的数量多52.3%（杨志福，1986）。腐铵、腐植酸与硫酸锌混施在土壤中以后，有效锌含量比硫酸锌处理显著增加，非有效锌含量减少，这是由于腐植酸螯合态锌在土壤中固定较少的缘故（杨志福，1986）。腐植酸添加到潮土或红壤中培养，对土壤钙、镁及铜、锌、铁、锰中微量元素具有一定的活化作用（孙静悦等，2019）。中微量元素叶面肥中添加腐植酸、氨基酸等增效载体后，吸收效果也大为改善。

4.2.2 调控根系吸收功能增效

腐植酸、海藻提取物、蛋白质水解物等属于生物刺激素类物质（Calvo et al.，2014；Du Jardin，2015；张水勤等，2017a；周丽平等，2019b），具有促进根系生长、增强养分吸收、提高植物抗逆性等功能。由表4-7结果看出，①施用腐植酸的一侧玉米根系生长的数量和活性都高于不施腐植酸的CK处理，说明腐植酸促进根系生长和提高根系活性的功能；②施用腐植酸的一侧玉米根系的数量和活性也高于其相对应的不施腐植酸的另一侧，说明腐植酸对根系具有直接促进作用；③一侧施用腐植酸后，另一侧未施腐植酸的根系数量和活性也略高于不施腐植酸的CK处理，说明腐植酸促进根系生长具有间接或整体效应；④不同结构的腐植酸促根的效果不同，其中，OHA6效果最好，其次是HA，OHA3的效果较差。相关研究表明（周丽平，2019a；周丽平等，2019b），腐植酸O含量、O/C比、E_4/E_6、CCOO-HR和CAr-ON与根系生长指标呈正相关；C含量低、O含量高、O/C高、芳香度低、脂化度高、疏水性指数低、酸性官能团含量高的小分子腐植酸，调控根系生长与活性的效果好于大分子腐植酸；水培条件下，腐植酸施用量适中（C 10毫克/升）促根效果较好，施用量低（C 5毫克/升）或高（C 15毫克/升、20毫克/升）效果相对较差。由表4-7亦看出，施用腐植酸也促进了玉米地上部干物质的积累（周丽平，2019a）。另外，不同分子量结构的腐植酸根施对作物根系和地上部的代谢物也产生影响（周丽平等，2019c）。

表4-7　分根单侧施用不同结构腐植酸对玉米根系的影响

（周丽平，2019a）

	处理	根干重 （克/盆）	总根数 （条/盆）	总根长 （厘米/盆）	根表面积 （平方厘米/盆）	TTC还原强度 [毫克/（克·小时）]	地上部干重 （克/盆）
CK	CK-对照侧	1.26d	296.00e	627.67e	37.35d	1.79e	1.80d
	CK-对照侧	1.19d	302.00e	636.52e	38.46cd	1.78e	
HA	HA-未施侧	1.53c	408.17cd	905.38c	41.14cd	2.75b	2.29b
	HA-施用侧	1.97b	478.33ab	1 068.8b	52.51b	2.84b	
OHA3	OHA3-未施侧	1.45c	372.50d	805.35d	39.77cd	2.24d	2.09c
	OHA3-施用侧	1.60c	424.17c	917.69c	42.30c	2.40c	
OHA6	OHA6-未施侧	1.79b	443.00bc	958.16c	48.81b	2.90b	2.51a
	OHA6-施用侧	2.34a	518.33a	1 213.87a	58.43a	3.14a	

注：砂培分根栽培试验。CK为分根两侧均不施腐植酸；HA、OHA3、OHA6为不同结构腐植酸，分根一侧施用，另一侧不施用。栽培20天后取样测定。具体处理详见周丽平（2019a）。同列中字母表示5%水平差异显著性。

大量研究结果亦表明，海藻提取物、氨基酸类物质具有促进根系生长与活性、改善养分吸收和提高产量的作用（Crouch and Van Staden，1991；温延臣等，2012；张晓虹和杨延杰，2015；田礼欣等，2017；王亮亮等，2017；刘旋等，2018；张健等，2018）。由表4-8看出（袁亮，2014a），砂培条件下，海藻酸增效液（A）、腐植酸增效液（HA）和谷氨酸增效液（G）处理的小麦、玉米的根系数量（干重）、活力（TTC还原量）、根活总量（TTC还原总量），均显著高于不添加增效载体的对照处理（CK），表明增效载体单独施用具有良好的促根效果。

表4-8　增效载体对小麦、玉米根系生长和活力的影响

（袁亮，2014a）

指标		处理									
		CK	A1	A2	A3	HA1	HA2	HA3	G1	G2	G3
根系干重 （毫克/盆）	小麦	133.2c	160.5a	166.8a	159.3a	141.6b	161.2a	160.1a	135.2b	138.3b	143.0b
	玉米	53.3f	123.2bc	134.1a	128.0ab	99.30d	107.6c	118.3bc	71.53e	90.70d	112.4c
根系TTC还 原量[微克/ （克·小时）]	小麦	603.5d	781.2ab	824.3a	820.4a	744.3b	782.6ab	802.4a	647.1c	675.3c	722.6bc
	玉米	605.15f	653.2e	749.3cd	712.5d	626.3ef	783.2bc	866.1a	632.0ef	726.4d	820.4a

（续表）

指标		处理									
		CK	A1	A2	A3	HA1	HA2	HA3	G1	G2	G3
根系TTC还原总量（微克/小时）	小麦	820.76f	1 273b	1 393a	1 329ab	1 071c	1 283b	1 299a	886.5e	952.2d	1 047c
	玉米	338.88f	810.0c	1 019a	926.2b	651.4d	892.9b	1 057a	461.4e	668.3d	943.4b

注：砂培试验。CK为对照；海藻酸增效液（A）、腐植酸增效液（HA）和谷氨酸增效液（G），设低（0.01克/升）、中（0.02克/升）、高（0.05克/升）3个添加量，分别记为A1、A2、A3，HA1、HA2、HA3和G1、G2、G3。作物出苗后21天测试根系重量与活性。具体处理详见袁亮（2014a）。同行中字母表示5%水平差异显著性。

由表4-9看出（袁亮，2014a），将海藻酸增效液（A）、腐植酸增效液（HA）和谷氨酸增效液（G）熔融添加到尿素中，制成系列增值尿素产品，其小麦、玉米的根系数量（干重）、活力（TTC还原量）、根活总量（TTC还原总量），均显著高于不添加增效载体的普通尿素处理，表明增效载体制成增值尿素后，仍有明显的促根效果。

表4-9 增值尿素对小麦、玉米根系生长和活力的影响

（袁亮，2014a）

指标		处理								
		U	A1U	A2U	A3U	HA1U	HA2U	HA3U	G1U	G2U	G3U
根系干重（毫克/盆））	小麦	149.2b	153.3ab	163.7a	164.4a	151.2ab	155.4ab	162.1a	148.3b	148.6b	152.2ab
	玉米	82.2c	102.6b	111.8a	107.9a	85.7c	102.1b	107.7ab	81.9c	84.5c	103.6b
根系TTC还原量[微克/（克·小时）]	小麦	832.2c	877.5bc	916.8ab	953.4a	842.6c	862.1bc	927.2a	836.2c	878.5bc	923.7a
	玉米	345.6e	382.6d	484.1b	521.4a	356.3de	388.4c	551.2a	342.4e	367.3cd	421.9c
根系TTC还原总量（微克/小时）	小麦	1 265e	1 369c	1 522a	1 583a	1 298de	1 362c	1 521a	1 254e	1 327cde	1 432b
	玉米	297.2f	401.7d	551.9b	615.3a	313.5ef	403.9d	606.3a	291.0f	323.2e	447.2c

注：砂培试验。U为普通尿素；将海藻酸增效液（A）按1‰、2‰、5‰，腐植酸增效液（HA）和谷氨酸增效液（G）按2‰、5‰、10‰的添加量（固形物）加入熔融尿素中，制成海藻酸增值尿素（A1U、A2U、A3U）、腐植酸增值尿素（HA1U、HA2U、HA3U）和谷氨酸增值尿素（G1U、G2U、G3U）。作物出苗后21天测试根系重量与活性。具体处理详见袁亮（2014a）。同行中字母表示5%水平差异显著性。

氨基酸增值尿素对水稻根系影响的研究结果（表4-10）表明，与普通尿素处理相比，氨基酸增值尿素处理对水稻株高和地上部生物量积累有促进作用，但没有显著差异，而对地下根系生物量的影响达显著水平，旱作和水作模式下，氨基酸增值尿素处理（AU）较普通尿素处理（U）水稻根系鲜重分别增加9.65%和7.56%，表现出明显的促根效应（章力干，2019，未发表资料）。

表4-10　氨基酸增值尿素对水稻苗期生物学性状的影响

（章力干，2019，未发表资料）

处理	株高（厘米）	地上部鲜重（克/盆）	地下部鲜重（克/盆）	根冠比
GCK	43.60c	33.22bc	1.03c	0.031b
GU	55.40ab	40.52ab	1.14b	0.028bc
GAU	58.40a	42.24a	1.25a	0.030bc
SCK	47.70bc	29.02c	1.09c	0.038a
SU	63.00a	43.56a	1.19b	0.027bc
SAU	65.00a	50.02a	1.28a	0.026c

注：不同字母表示不同处理间差异显著（$P<0.05$）。GCK：旱作，不施肥；GU：旱作，施尿素；GAU：旱作，施氨基酸增值尿素；SCK：水作，不施肥；SU：水作，施尿素；SAU：水作，施氨基酸增值尿素。

图4-7夏玉米（田间盆栽试验）成熟期测定根系活力结果表明（刘增兵，2009a），腐植酸增值尿素（HA1、HA2、HA3、HA4的腐植酸含量分别为2.27%、5.52%、8.01%、11.78%）比普通尿素（CK）根系活性（TTC还原强度）提高，其中，HA2和HA4达到显著水平，二者分别比对照提高根系活力9.48%和7.92%。

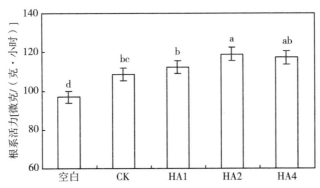

图4-7　腐植酸增值尿素对成熟期玉米根系活力的影响（刘增兵，2009a）

采用腐植酸与磷肥分层施用的方法，研究腐植酸促根对吸收磷素的影响，试验结果表明，腐上、磷下显著地增加了玉米苗期地上部分的干物重，提高了吸磷总量和磷肥利用率（杨志福等，1990）。这是由于作物根系首先接触到腐植酸，刺激活性使根系生长良好，深入下层接触磷肥，增加了对磷的吸收。反之，腐下、磷上，虽然也有一定效果，但远低于腐上、磷下的施肥方式。因为作物根系下伸以后接触到腐植酸，也可刺激根系生长，但多集中在下部，而磷肥在上部又不易向下移动，所以对吸磷的贡献较小，而且很难在产量（干物重）上表现出来。这个试验既说明了腐植酸刺激促根作用对吸磷的贡献，也说明了肥—根空间耦合对改善肥料养分吸收的重要意义。

4.2.3 调控土壤环境功能增效

4.2.3.1 土壤酶活性

含有腐植酸、海藻提取物、氨基酸等生物活性增效载体的增值肥料对土壤的酶活性具有调控作用，影响肥料在土壤中的转化、损失和固定等过程（陆欣等，1997；刘增兵，2009a；李志坚，2013a；袁亮，2014a；李军，2017a）。由表4-11看出（于正国，2019，未发表资料），①与空白CK比较，单纯施腐植酸对土壤脲酶有明显的抑制作用，并且HA0.5和HA5两个不同腐植酸添加量之间土壤脲酶活性差异不大。②与普通尿素相比，培养期间3天以内测定，掺混工艺型（HA+U0.5、HA+U5）增值尿素的土壤脲酶活性大都低于普通尿素，腐植酸添加量越多，脲酶活性下降似乎也越明显；熔融工艺型（HAU0.5、HAU5）增值尿素的土壤脲酶活性则大都明显高于普通尿素，腐植酸添加量越大，土壤脲酶活性提高幅度似乎也越明显。培养期间5~14天（各处理土壤中的尿素已基本全部水解，见本章表4-2）测定，普通尿素（U）和增值尿素（HA+U0.5、HAU0.5、HA+U5、HAU5）处理的土壤脲酶活性差异不大，以各增值尿素处理的土壤脲酶活性略高于普通尿素，熔融工艺型增值尿素（HAU0.5、HAU5）的土壤脲酶活性稍高于对应的物理掺混型增值尿素（HA+U0.5、HA+U5）。培养期间8次测定平均，各尿素产品之间比较，掺混工艺型增值尿素（HA+U0.5、HA+U5）的较低，熔融工艺型增值尿素的较高，普通尿素居中；腐植酸添加量对掺混工艺型增值尿素（HA+U0.5、HA+U5）土壤脲酶活性的影响不大，但熔融工艺下，腐植酸添加量提高，增值尿素的土壤脲酶活性似乎也稍有提高。③从培养期间土壤脲酶的动态变化看，空白CK的土壤脲酶比较恒定，单独添加腐植酸和各尿素产品处理的土壤脲酶活性多呈前高、中低、后高的"V"字形变化，但不同处理间的峰值出现时间稍有差别。

表4-11 腐植酸和增值尿素对土壤脲酶活性变化的影响[NH_4^+-N，毫克/（千克·天）]

（于正国，2019，未发表资料）

处理	6小时	12小时	1天	2天	3天	5天	7天	14天	平均
CK	117.1ab	125.0a	127.2a	112.6a	120.0a	120.0a	114.5a	108.8c	118.2
HA0.5	79.5bc	45.3b	73.0b	87.9b	90.7b	87.9b	85.7b	87.5d	79.7
HA5	93.1abc	51.3b	75.8b	87.6b	91.3b	82.8b	83.8b	82.1d	81.0
U	82.09c	63.1b	32.6c	24.1c	45.6de	42.6d	110.4a	115.9bc	64.5
HA+U0.5	75.2c	65.3b	29.5c	11.7d	38.1e	61.5c	113.5a	107.3c	62.8
HAU0.5	117.9ab	131.1a	34.7c	14.1d	46.7de	56.7c	97.8ab	131.2a	78.8
HA+U5	57.6c	45.4b	33.1c	26.2c	57.9cd	61.9c	98.8ab	129.6ab	63.8
HAU5	125.9a	123.9a	41.7c	28.5c	60.5c	61.0c	100.3ab	134.5a	84.5

注：土壤培养（25℃）试验。施氮处理的氮素用量为0.3克/千克，含水量为田间持水量的60%。其中，CK是空白处理，U是普通尿素、HA+U0.5是0.5%添加量的掺混腐植酸尿素、HAU0.5是0.5%添加量的熔融腐植酸尿素、HA+U5是5%添加量的掺混腐植酸尿素、HAU5是5%添加量的熔融腐植酸尿素，HA0.5和HA5是单独施用腐植酸的处理，腐植酸施用量分别等同于HA+U0.5/HAU0.5和HA+U5/HAU5处理的腐植酸带入量。供试土壤为潮土。同列中字母表示5%水平差异显著性。

由4-12看出（李军，2017a），在尿素快速分解期的1~7天测定，各处理的土壤脲酶活性较低，并且腐植酸尿素的土壤脲酶活性低于普通尿素；尿素分解期过后的12~31天测定，各处理的土壤脲酶活性逐渐提高，腐植酸尿素的土壤脲酶活性不再比普通尿素的低，甚至高于（26天、31天）普通尿素。另外，腐植酸尿素的土壤脲酶活性并没有随腐植酸添加量的增加而呈现明显有规律的提高或降低变化，三者（HAU1、HAU2、HAU3）差异不大。

表4-12　腐植酸尿素对土壤脲酶活性变化的影响[NH_4^+-N，毫克/（100克土·天）]

（李军，2017a）

处理	1天	3天	7天	12天	19天	26天	31天	平均
U	31.44	35.81	28.51	23.74	48.14	56.44	39.85	37.70
HAU1	19.43	26.12	25.42	22.52	50.04	67.25	42.91	36.24
HAU2	20.30	32.40	21.20	25.63	44.07	61.22	40.65	35.07
HAU3	15.90	30.53	22.93	21.27	50.91	62.05	40.15	34.82
HAU4	14.47	22.99	19.04	26.75	52.29	58.41	43.98	33.99

注：土壤培养（25℃）试验，供试土壤为潮土。U为普通尿素；HAU1、HAU2、HAU3、HAU4为腐植酸添加量（添加到熔融尿素中）分别为1%、5%、10%、20%的腐植酸尿素。

由pH值分级所获得的不同腐植酸级分样品$HA_{3~4}$、$HA_{6~7}$和$HA_{9~10}$，按5‰的比例分别添加至熔融的尿素中，制得相应的不同结构腐植酸尿素熔融试验产品HAU1、HAU2和HAU3（张水勤，2018），以熔融但不添加腐植酸制备的普通尿素U为参照肥料，进行土壤（潮土）培养，观测腐植酸增值尿素对土壤脲酶活性的影响，试验结果见图4-8。由图4-8结果看出，土壤培养前期（3天以前）腐植酸增值尿素的土壤脲酶活性较普通尿素的低，但之后（5天以后）则增值尿素土壤酶活性或高于普通尿素或与之接近。

由表4-13亦看出，无论是潮土或是红壤，尿素快速水解期（0.5～3天），腐植酸、海藻酸、氨基酸增值尿素的土壤脲酶活性大都低于普通尿素，之后（5～21天），随着土壤脲酶活性的逐渐提高，增值尿素和普通尿素的脲酶活性差异较小，规律与表4-12相似。另外，比较腐植酸、海藻酸、氨基酸3种增值尿素，其土壤脲酶活性差异不大。

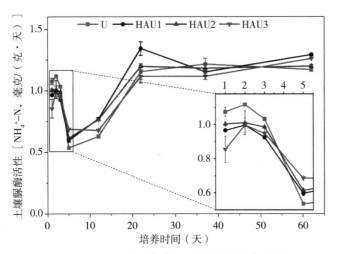

图4-8 不同处理潮土脲酶活性的动态变化

表4-13 增值尿素对潮土和红壤脲酶活性的影响[NH_4^+-N，毫克/（100克土·天）]（袁亮，2014a）

处理		0.5天	1天	2天	3天	5天	7天	10天	14天	21天	平均
潮土	U	42.36a	32.60a	25.41a	30.09a	59.33a	65.40a	60.92a	49.65a	46.36a	45.79
	AU	38.11b	28.82b	23.07b	27.25b	59.41a	65.77a	62.15a	51.30a	46.81a	44.74
	HAU	40.02ab	28.43b	23.16b	28.17ab	57.69a	65.50a	60.30a	52.82a	46.49a	44.73
	GU	38.46b	29.79ab	23.88ab	30.12ab	60.03a	66.12a	62.67a	51.71a	46.55a	45.48
红壤	U	7.76a	7.72a	7.20a	6.69a	6.21a	5.77a	5.96a	6.84a	6.86a	6.78
	AU	6.84b	6.93b	6.63b	6.10b	5.57b	5.35b	6.02a	6.74a	6.63a	6.31
	HAU	7.03b	6.85b	6.56b	6.16b	5.49b	5.47b	5.87a	6.91a	6.95a	6.37
	GU	6.99b	7.04b	6.82ab	6.23ab	6.14a	5.80a	6.10a	6.80a	6.90a	6.54

注：土壤培养试验，培养温度25℃，土壤含水量为田间最大持水量的60%。海藻酸增效液、腐植酸增效液和谷氨酸增效液分别按添加量为2‰、5‰、5‰（固形物）加入熔融尿素中，制成海藻酸尿素（AU）、腐植酸尿素（HAU）、氨基酸尿素（GU），普通尿素（U）也经过相同的熔融过程。同列同栏目字母表示5%水平差异显著性。

尽管增值尿素因腐植酸等增效载体的添加量和制备工艺不同，对土壤脲酶活性的影响规律也不尽相同。但是，许多研究都表明，尿素施入土壤在其大量水解期，增值尿素的土壤脲酶活性大都低于普通尿素，使增值尿素的水解变缓，氨挥发损失减少（陆欣等，1997；刘增兵，2009a；袁亮，2014a；李军，2017a）。增值尿素除通过影响土壤脲酶活性而改变尿素在土壤中的水解转化过程外，还因增值尿素与普通尿素结构性不同，也影响尿素在土壤中的转化行为，影响氮素的损失、移动和供应，从而影响供肥性（刘增兵，2009a；刘增兵等，2014；袁亮，2014a；张水勤，2018）。

陆欣和王申贵（1996）的研究结果表明，土壤施用腐植酸提高了土壤碱性磷酸酶活性。由表4-14亦看出，与普通磷肥（P）相比，整体上看，增值磷铵有提高土壤碱性磷酸酶活性的趋势，尤其土壤培养前期（3天、14天）提高的趋势较为明显，随时间延长，二者差异变小。刘增兵（2009a）研究结果表明，潮土培养条件下，腐植酸增值尿素较普通尿素具有提高土壤碱性磷酸酶、蔗糖酶活性的趋势，但二者过氧化氢酶活性没有明显差异。另外，张水勤研究表明（2018），潮土培养前期（12天），与普通尿素相比，腐植酸增值尿素显著提高了土壤 β-葡萄糖苷酶、β-纤维二糖苷酶等碳转化相关水解酶的活性，对土壤氧化还原酶影响不显著；而培养62天时，增值尿素的土壤过氧化物酶和酚氧化酶两种氧化还原酶活性显著高于普通尿素，但与碳转化相关的水解酶活性二者差异不显著。

表4-14　土壤培养条件下不同增效磷肥产品对土壤碱性磷酸酶活性的影响（酚 毫克/克土，37℃，12小时）

（李志坚，2013a）

处理	第3天	第14天	第42天	第60天	第97天	第120天	第150天	第180天
CK	0.71bcd	0.77abc	0.73ab	0.60bc	0.57a	0.48f	0.66a	0.76abc
P	0.70c	0.73bc	0.75ab	0.55cd	0.54ab	0.54f	0.63a	0.73bc
H1-P	0.71bcd	0.74abc	0.65b	0.60bc	0.52b	0.56ef	0.63a	0.77abc
H2-P	0.75abcd	0.74abc	0.67b	0.61b	0.53ab	0.55ef	0.64a	0.72c
H3-P	0.77ab	0.76abc	0.66b	0.58bcd	0.53ab	0.58de	0.64a	0.71c
A1-P	0.76abc	0.77abc	0.67b	0.60b	0.53ab	0.57def	0.66a	0.77abc
A2-P	0.71cd	0.80ab	0.68b	0.60bc	0.52b	0.60cd	0.64a	0.81a
A3-P	0.79a	0.81ab	0.72ab	0.61b	0.55ab	0.64ab	0.63a	0.80ab
G1-P	0.77ab	0.77abc	0.71b	0.67a	0.55ab	0.66ab	0.63a	0.76abc

处理	第3天	第14天	第42天	第60天	第97天	第120天	第150天	第180天
G2-P	0.78a	0.71c	0.66b	0.53d	0.53ab	0.63bc	0.65a	0.73bc
G3-P	0.76abc	0.82a	0.83a	0.53d	0.57a	0.67a	0.65a	0.77abc

注：CK为空白对照，P为普通磷酸一铵，H1-P、H2-P、H3-P为分别按2‰、5‰、10‰腐植酸增效液添加量（固形物）制备的腐植酸磷酸一铵，A1-P、A2-P、A3-P为分别按0.5‰、2‰、5‰海藻发酵液添加量（固形物）制备的海藻磷酸一铵，G1-P、G2-P、G3-P为分别按2‰、5‰、10‰谷氨酸增效液添加量（固形物）制备的谷氨酸磷酸一铵。供试土壤为潮土。具体试验处理详见李志坚（2013a）。同列中字母表示5%水平差异显著性。

4.2.3.2 土壤pH值

由表4-15看出，各尿素产品施入土壤后的前2天测定，土壤pH值较高，并且普通尿素的有略高于增值尿素的趋势，但差异不显著；之后，各处理土壤pH值逐渐稍有下降，但各处理之间土壤pH值仍没有显著差异。

表4-15 增值尿素对潮土pH值的影响

（袁亮，2014a）

处理	0.5天	1天	2天	3天	5天	7天	10天	14天	21天	平均
U	8.55a	8.67a	8.52a	8.01a	7.92a	7.84a	7.90a	7.91a	7.95a	8.17
AU	8.51a	8.65a	8.40a	7.97a	7.89a	7.85a	7.85a	7.87a	7.88a	8.12
HAU	8.52a	8.61a	8.42a	7.93a	7.87a	7.77a	7.84a	7.89a	7.91a	8.11
GU	8.55a	8.67a	8.42a	7.95a	7.80a	7.71a	7.82a	7.88a	7.85a	8.10

注：土壤培养试验，培养温度25℃，土壤含水量为田间最大持水量的60%。海藻酸增效液、腐植酸增效液和谷氨酸增效液分别按添加量为2‰、5‰、5‰（固形物）加入熔融尿素中，制成海藻酸尿素（AU）、腐植酸尿素（HAU）、氨基酸尿素（GU），普通尿素（U）也经过相同的熔融过程（袁亮，2014a）。同列中字母表示5%水平差异显著性。

由图4-9看出，潮土施入尿素的前期，尿素水解形成NH_4^+，引起土壤pH值升高，随后硝化作用使NH_4^+浓度下降，土壤pH值降低。在腐植酸添加量较大（1%~20%）的情况下，土壤培养前期（1~7天），增值尿素（HAU1~HAU4）的土壤pH值低于普通尿素（U），各处理均于第3天达到峰值，此时U处理pH值高于腐植酸尿素处理0.04~0.06个单位；培养后期（12～31天），则腐植酸尿素的土壤pH值高于普通尿素（U）。整体看，腐植酸尿素处理的土壤pH值升降幅度较普通尿素小一些，高峰第3天至低谷第26天之间普通尿素处理土壤pH值变化了0.37个单位，而腐植酸尿素HAU1、HAU2、HAU3、HAU4处理则分别变化了0.31个单位、0.28个单位、0.27个单位、0.23个单位，均小于普通尿素处理，说明腐植酸可通过抑制尿素的水解，使铵态氮缓慢释放，使得腐植酸尿素处理土壤的pH值不像普通尿素那样升降剧烈。

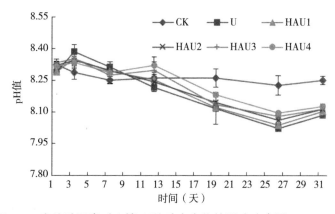

图4-9　腐植酸尿素对土壤pH值动态变化的影响（李军，2017a）

由pH值分级所获得的不同腐植酸级分样品HA$_{3～4}$、HA$_{6～7}$和HA$_{9～10}$，按5‰的比例分别添加至熔融的尿素中，制得相应的不同结构腐植酸尿素熔融试验产品HAU1、HAU2和HAU3（张水勤，2018），以熔融但不添加腐植酸制备的普通尿素U为参照肥料，进行土壤（潮土）培养，观测腐植酸增值尿素对土壤pH值的影响，试验结果见图4-10。由图4-10看出，普通尿素和腐植酸增值尿素土壤pH值的变化规律与图4-9相似，随着培养时间的延长，各处理土壤pH值均表现出先增加后降低的动态变化特征。不同肥料产品比较，腐植酸尿素（HAU1、HAU2和HAU3）的土壤pH值升降幅度没有普通尿素（U）剧烈，高峰值比普通尿素的低，谷值却比普通尿素的高，腐植酸尿素的土壤pH值前期（3～5天前）低于普通尿素，后期（5天之后）则高于普通尿素。整个培养周期内，普通尿素U处理的土壤pH值最高值与培养结束时的相应pH值之差为0.53，而其他3种腐植酸尿素HAU1、HAU2和HAU3处理的土壤pH值相应的差值分别为0.46、0.43和0.45，均明显低于普通尿素U处理。3种腐植酸尿素比较看，腐植酸尿素HAU3的土壤pH值高峰值（第5天）比HAU1、HAU2（第3天）来得晚且稍高，后期（5天后）HAU3土壤pH值比HAU1、HAU2的稍高一些。

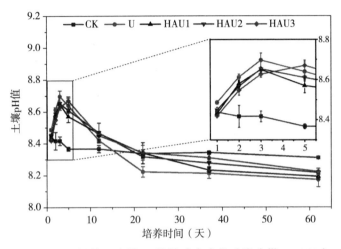

图4-10　不同处理土壤pH值的动态变化（张水勤，2018）

尿素氮肥在土壤培养期间的土壤pH值的变化是由铵化（提高土壤pH值）和硝化（降低土壤pH值）两个相反的影响过程综合作用的。整体看，无论是普通尿素还是增值尿素，在培养期间，土壤pH值大都经历了前期的短暂升高（尿素水解大量释放铵）过程，在此期间增值尿素的水解过程慢于普通尿素，其土壤pH值多低于普通尿素；随着铵化过程的逐渐结束和硝化过程的逐渐增强，土壤pH值开始逐渐降低，但这一过程中由于不同尿素产品的铵化、硝化、氨挥发损失等过程交织在一起，对土壤pH值的下降过程产生复杂影响，多数情况下，普通尿素的土壤pH值下降速度较快，之后逐渐趋于稳定，后期普通尿素和增值尿素的土壤pH值差异不大或以增值尿素的稍高。总的来讲，培养过程中，增值尿素对土壤pH值的变化具有一定的缓冲作用，增降幅度较普通尿素小一些。

田间土壤栽培作物的情况下，不同尿素产品对土壤pH值影响的因素更为复杂。孙凯宁（2010）研究了风化煤（原粉）、腐植酸、味精尾液（脱盐）与尿素熔融造粒制成的增值尿素在培养条件下对土壤（潮土）pH值的影响，结果表明，培养期间（1~28天）增值尿素的土壤pH值多低于普通尿素。相同土壤上田间土柱栽培（夏玉米）试验结果也表明，玉米收获后测定，增值尿素均在一定程度上降低了土壤的pH值（孙凯宁，2010）。

由表4-16看出，土壤培养过程中，腐植酸、海藻酸、氨基酸增值磷肥相比普通磷肥土壤pH值稍有降低的趋势，培养结束（180天）后，施用增值磷肥的土壤pH值较CK降低幅度（0.23~0.36个单位）高于普通磷肥处理（0.15个单位）。由表4-16亦看出，在培养第3天时，腐植酸磷肥（H-P）、海藻酸磷肥（A-P）和氨基酸磷肥（G-P）处理土壤pH值平均值分别为7.98、8.00和8.01，其中，以腐植酸磷肥（H-P）较CK降低土壤pH值幅度最大。在培养第180天时，腐植酸磷肥（H-P）、海藻酸磷肥（A-P）和氨基酸磷肥（G-P）处理土壤pH值平均值分别为8.01、7.97和7.95，均低于普通磷肥（P）处理，与培养第3天相比，腐植酸磷肥（H-P）处理pH值有所升高，而海藻酸磷肥（A-P）和氨基酸磷肥（G-P）土壤pH值有所降低。在整个土壤培养过程中，A3-P处理对土壤pH值影响最大。增值磷肥中腐植酸、发酵海藻酸和氨基酸添加量的高低对土壤pH值变化影响不显著。由上所述，在石灰性潮土上施用增值磷肥在一定程度上可降低土壤pH值，其中，氨基酸磷肥（G-P）降低土壤pH值效果比其他处理较好。

表4-16 土壤培养条件下不同增值磷肥对土壤pH值的影响

（李志坚，2013a）

处理	3天	14天	42天	60天	97天	120天	150天	180天	平均
CK	8.28a	8.34a	8.20a	8.23a	8.24a	8.26a	8.26a	8.28a	8.26
P	8.07b	8.13b	8.05b	8.10b	8.13b	8.14b	8.03b	8.13b	8.10
H1-P	7.99cde	8.06c	8.01c	8.07b	8.10bc	8.07c	8.02bc	8.05c	8.05
H2-P	7.98cde	7.93h	7.99cd	8.00c	8.05d	8.04cd	7.98cd	8.00d	8.00

（续表）

处理	3天	14天	42天	60天	97天	120天	150天	180天	平均
H3-P	7.97ef	7.99ef	8.00cd	8.05b	8.06d	8.06c	7.98d	7.97de	8.01
A1-P	8.02cd	8.02d	8.01c	8.06b	8.12b	8.04c	7.98cd	7.96de	8.03
A2-P	8.04bc	8.00de	8.00cd	8.06b	8.08cd	8.00de	7.99bcd	7.97de	8.02
A3-P	7.94f	7.98efg	7.92e	7.93e	7.94f	7.94f	7.98d	7.97de	7.95
G1-P	8.00cde	7.97fg	7.97d	7.96de	7.99e	7.97ef	7.98d	7.98de	7.98
G2-P	8.02cd	7.97fg	7.99cd	7.98cd	7.98e	7.95f	7.97d	7.92f	7.98
G3-P	8.02cd	7.95gh	8.00cd	7.99cd	7.98e	7.95f	7.97d	7.96e	7.98

注：CK为空白对照，P为普通磷酸一铵，H1-P、H2-P、H3-P为分别按2‰、5‰、10‰腐植酸增效液添加量（固形物）制备的腐植酸磷酸一铵，A1-P、A2-P、A3-P为分别按0.5‰、2‰、5‰海藻发酵液添加量（固形物）制备的海藻磷酸一铵，G1-P、G2-P、G3-P为分别按2‰、5‰、10‰谷氨酸增效液添加量（固形物）制备的谷氨酸磷酸一铵。供试土壤为潮土。具体试验处理详见李志坚（2013a）。同列中字母表示5%水平差异显著性。

4.2.3.3 土壤微生物

孙凯宁（2010）研究了风化煤（原粉）、腐植酸、味精尾液（脱盐）与尿素熔融造粒制成的增值尿素在培养条件下对土壤（潮土）微生物量的影响。试验结果表明，培养期间（1～28天）空白CK的土壤微生物量碳变化较小，基本处于相对稳定的状态，而普通尿素和增值尿素的土壤微生物量碳则呈现先升高后降低的抛物线变化动态，其中，普通尿素大约在第2天达到高峰，各增值尿素多在4～14天达到高峰；与普通尿素相比，增值尿素前期（4天前）土壤微生物量碳多低于普通尿素或与之相近，之后（4～28天）则大都明显高于普通尿素。培养期间（1～28天），土壤微生物量氮虽有起伏，但总体看呈现下降趋势，其间增值尿素的土壤微生物量氮多高于普通尿素，尤其以载体含量高的增值尿素提高土壤微生物量碳的效果更为明显（孙凯宁，2010）。

刘增兵（2009a）有关腐植酸增值尿素对土壤微生物量碳和氮等影响的系列研究结果也大都表明，腐植酸尿素具有稳定土壤微生物变化的作用，与普通尿素比较，增值尿素土壤大都具有较高的土壤微生物量碳和氮。

有关腐植酸对土壤功能菌影响的研究结果表明（Dong et al.，

2009；董莲华等，2010），只加尿素进行土壤培养，增加了氨氧化细菌（AOB）和氨氧化古菌（AOA）的数量，并且对AOB和AOA的菌落结构产生影响；而加入腐植酸（尿素+腐植酸），土壤AOA和AOB的数量增加均得到了抑制。究其原因，一是腐植酸（HA）通过抑制土壤脲酶活性抑制尿素转化成氨的速度，控制了氨在土壤中的可获得性，从而在一定程度上可以抑制以氨为底物的AOA和AOB的增加；二是HA有机大分子络合尿素和氨，使土壤中氨的浓度在一定时间内维持在一个稳定的水平，从而使得AOA和AOB数量保持相对稳定。另外，只加入尿素进行土壤培养，与空白对照比较，降低了土壤细菌和古菌的数量，而加入腐植酸（尿素+腐植酸）起到了稳定土壤细菌和古菌数量的作用，腐植酸+尿素处理的土壤细菌和古菌数量高于单独施用尿素的处理。

由表4-17看出，与单施尿素处理相比，在旱作模式下，氨基酸增值尿素促进了根际养分积累，水稻根际土壤有机碳、全氮和微生物氮分别增加了17.04%、18.20%和30.00%，C/N明显下降，但铵态氮和硝态氮含量差异不明显；水作条件下，氨基酸增值尿素较普通尿素处理根际土壤铵态氮和微生物氮含量显著增加，增幅分别为39.70%、38.01%，有机碳和全氮含量有增加趋势，但处理间无显著差异，水作方式下，水稻根际土壤硝态氮下降明显，下降幅度达33.70%，从C/N比看，施肥处理间未见明显差异。不同稻作方式对水稻根际无机氮的影响显著，旱作根际硝态氮远大于水作，铵态氮含量反之。两种稻作模式下，施用氮肥都明显降低了土壤的pH值，与施用氮肥种类无关。

表4-17　氨基酸增值尿素对水稻根际土壤碳氮的影响
（章力干，2019，未发表资料）

处理	pH值	硝态氮（毫克/千克）	铵态氮（毫克/千克）	全氮（克/千克）	微生物氮（毫克/千克）	有机碳（克/千克）	碳氮比（C/N）
GCK	7.03b	1.62b	4.47d	0.67c	46.46c	7.82c	11.67a
GU	6.57d	26.98a	4.57d	0.77b	58.08c	8.98bc	11.66a
GAU	6.55de	25.44a	4.67d	0.91a	75.50ab	10.51a	11.55b
SCK	7.42a	0.01e	5.45c	0.55d	49.37c	6.36d	11.56b

（续表）

处理	pH值	硝态氮（毫克/千克）	铵态氮（毫克/千克）	全氮（克/千克）	微生物氮（毫克/千克）	有机碳（克/千克）	碳氮比（C/N）
SU	6.87c	0.89c	7.01b	0.75b	60.98bc	8.66bc	11.54b
SAU	6.83cd	0.59d	9.80a	0.80ab	84.21a	9.25b	11.56b

注：不同字母表示不同处理间差异显著（$P<0.05$）。GCK：旱作，不施肥；GU：旱作，施尿素；GAU：旱作，施氨基酸增值尿素；SCK：水作，不施肥；SU：水作，施尿素；SAU：水作，施氨基酸增值尿素。

　　由表4-18看出，与单施尿素相比，旱作和水作条件下氨基酸增值尿素处理根际土壤细菌总量分别增加1.70倍和1.90倍，氨基酸添加表现出明显激活土壤微生物效应。与单施尿素处理比较，旱作和水作条件下氨基酸增值尿素处理根际土壤氨化细菌数量分别增加1.99倍和2.67倍，硝化细菌数量分别增加1.73倍和1.52倍。水作条件下，氨基酸增效剂对氨化细菌激活效应明显强于旱作，SAU处理比GAU处理氨化细菌数量增加了28.29%，而未添加氨基酸增效剂的普通尿素处理GU与SU之间未见明显差异；稻作方式同样显著影响氨基酸增效剂对根际硝化细菌数量的刺激效应，SAU处理硝化细菌数量明显低于GAU处理，降幅达16.33%，水作条件下氨基酸增效剂对硝化细菌的刺激效应明显减弱，同样，未添加氨基酸增效剂的普通尿素处理GU与SU之间，硝化细菌数量未见明显差异。

表4-18　氨基酸增值尿素对水稻根际土壤细菌的影响

（章力干，2019，未发表资料）

处理	细菌（×10⁷/克干土）	氨化细菌（×10⁶/克干土）	硝化细菌（×10³/克干土）
GCK	1.35c	5.26d	0.84de
GU	1.59b	8.14cd	1.13c
GAU	1.88a	16.2b	1.96a
SCK	1.36c	5.97d	0.60e
SU	1.57b	8.46c	1.08cd
SAU	1.93a	22.6a	1.64b

注：不同字母表示不同处理间差异显著（$P<0.05$）。GCK：旱作，不施肥；GU：旱作，施尿素；GAU：旱作，施氨基酸增值尿素；SCK：水作，不施肥；SU：水作，施尿素；SAU：水作，施氨基酸增值尿素。

4.2.3.4 活化土壤养分

腐植酸类、海藻类、氨基酸类生物活性增效载体对土壤固有养分元素具有活化作用。由于腐植酸的刺激作用使土壤微生物活性增加，导致土壤有机氮矿化速度加快（杨志福，1986）。大量研究表明，腐植酸、海藻酸、氨基酸等有机物可通过化学作用及对土壤生物的影响等活化土壤中的磷、钾、钙、镁、铜、锌等营养元素，改善作物营养（杨志福，1986；Stevenson，1994；Wang et al.，1995；李丽等，1998；李丽等，1999；Delgado et al.，2002；王曰鑫和侯宪文，2005；张玉兰等，2009；张健，2017；王永壮等，2018；孙静悦等，2019；王桂伟等，2019）。

增值肥料由于腐植酸类、海藻类、氨基酸类等生物活性增效载体的存在，不仅对肥料本身在土壤中的转化、固定、移动、损失等过程产生重要影响，而且对土壤中固有的营养元素也产生影响，起到活化土壤养分元素的作用。有机增效载体与化肥（尿素、磷铵、氯化钾等）配伍制肥工艺（熔融、化成、物理混合等）不同，会影响到载体与土壤的交互作用过程，从而影响到载体对土壤养分的活化功能。当有机增效载体与化肥在常温下以物理混合方式制肥时，载体的游离性较强，可能更容易与土壤发生作用而活化土壤中的营养元素。增值肥料（增值尿素、增值磷肥、增值氯化钾等）类型不同，有机增效载体与肥料的反应和结合方式不同，也影响到载体与土壤的作用过程，进而影响到载体对土壤养分的活化作用。另外，不同类型增值肥料施入土壤后，化肥的转化、移动等行为不同，也影响到载体与土壤的交互作用过程，从而影响载体对土壤养分的活化作用。

4.2.4 增值肥料的综合调控增效效果

增值肥料通过对"肥料营养功能、根系吸收功能、土壤环境功能"的改善，实现对"肥料—作物—土壤"系统的综合调控增效，显著提高肥料利用率。

田间土柱/盆栽试验条件下，利用^{15}N示踪技术研究不同尿素产品的氮肥利用和去向结果表明，增值尿素与普通尿素相比，具有利用率高、损失率低、残留率高、移动慢、分布浅的特点（袁亮，2014a；袁亮等，2014b；李军，2017a；李军等，2017b；张水勤等，2017b；张水勤，2018；Zhang et al.，2019）。由表4-19看出，在潮土上田间土柱栽培条件下，^{15}N示踪结果表明，增值尿素氮肥利用率（平均）在冬小麦和夏玉米上比普通尿素分别提高2.55个百分点和1.62个百分点，肥料氮残留率分别提高3.89个百分点和2.91个百分点，肥料氮损失率则分别降低7.12个百分点和3.18个百分点。

表4-19　增值尿素对氮肥去向的影响

（袁亮，2014a）

处理	肥料氮利用率（%）		肥料氮残留率（%）		肥料氮损失率（%）	
	冬小麦	夏玉米	冬小麦	夏玉米	冬小麦	夏玉米
U	50.01b	28.64b	36.62b	10.99c	13.38a	60.38a
AU	52.42a	31.28a	41.84a	12.43b	5.74c	56.29b
HAU	53.71a	30.73a	42.44a	14.01ab	3.86d	55.26b
GU	51.56ab	28.78b	37.24b	15.26a	11.19b	55.96b

注：潮土田间土柱栽培试验。海藻酸增效液、腐植酸增效液和谷氨酸增效液分别按添加量为2‰、5‰、5‰（固形物）加入熔融尿素中，制成海藻酸尿素（AU）、腐植酸尿素（HAU）、氨基酸尿素（GU），普通尿素（U）也经过相同的熔融过程。具体试验处理详见袁亮（2014a）。同列中字母表示5%水平差异显著性。

从作物收获期不同尿素产品肥料氮在土壤剖面中分布结果看（表4-20），增值尿素0~50厘米土壤氮肥残留量多高于普通尿素；而深层（50~90厘米）则相反，普通尿素的肥料氮残留量多高于增值尿素。说明增值尿素淋洗损失的风险可能低于普通尿素。0~90厘米土体的肥料氮残留总量以增值尿素为高，增值尿素平均比普通尿素提高12.26%（冬小麦）和26.9%（夏玉米）。

张水勤（2018）利用尿素^{15}N示踪技术研究了不同结构腐植酸（5‰添加量）与尿素熔融制成的系列增值尿素产品（HAU1、HAU2、HAU3）对冬小麦、夏玉米氮肥利用和去向的影响。结果表明（表4-21），与普通尿素比较，腐植酸增值尿素具有利用率高、残留率高、损失率低的特点。同时也发现，相同添加量条件下，腐植酸尿素HAU2的增效效果好于HAU1和HAU3。

表4-20　增值尿素对肥料氮在土壤剖面中分布的影响（N，克/盆）

（袁亮，2014a）

土壤层次（厘米）	冬小麦				夏玉米			
	U	AU	HAU	GU	U	AU	HAU	GU
0～15	0.118b	0.136a	0.144a	0.120b	0.051b	0.069a	0.049b	0.075a
15～30	0.283c	0.293b	0.345a	0.276c	0.059b	0.093a	0.094a	0.086a
30～50	0.194c	0.280a	0.238b	0.218bc	0.046b	0.036c	0.032c	0.058a
50～70	0.028a	0.018b	0.015b	0.028a	0.010bc	0.005c	0.042a	0.016b
70～90	0.022a	0.011b	0.005c	0.013b	0.027a	0.016b	0.029a	0.033a
总计	0.644b	0.736a	0.747a	0.656b	0.193c	0.219b	0.247a	0.269a

注：潮土田间土柱栽培试验。海藻酸增效液、腐植酸增效液和谷氨酸增效液分别按添加量为2‰、5‰、5‰（固形物）加入熔融尿素中，制成海藻酸尿素（AU）、腐植酸尿素（HAU）、氨基酸尿素（GU），普通尿素（U）也经过相同的熔融过程。具体试验处理详见袁亮（2014a）。同行中字母表示5%水平差异显著性。

表4-21　腐植酸增值尿素对肥料氮去向的影响

（张水勤，2018）

处理	肥料氮利用率（%）		肥料氮残留率（%）		肥料氮损失率（%）	
	冬小麦	夏玉米	冬小麦	夏玉米	冬小麦	夏玉米
U	34.45b	40.73c	44.27b	19.33ab	21.28a	39.94a
HAU1	34.47b	46.00b	38.79b	19.00b	26.75a	35.00b
HAU2	40.13a	52.73a	52.80a	19.33ab	7.07b	27.94c
HAU3	39.48a	45.40b	52.76a	20.67a	7.76b	33.93b

注：潮土田间土柱栽培试验。由pH值分级所获得的不同腐植酸级分样品HA$_{3～4}$、HA$_{6～7}$和HA$_{9～10}$，按5‰的比例分别添加至熔融的尿素中，制得相应的不同结构腐植酸尿素熔融试验产品HAU1、HAU2和HAU3，以熔融但不添加腐植酸制备的普通尿素U为参照肥料。具体试验处理详见张水勤（2018）。同列中字母表示5%水平差异显著性。

由表4-22看出，腐植酸增值尿素氮在土壤剖面上的分布结果与表4-20类似，但其规律性没有表4-20明显。

表4-22 腐植酸增值尿素对肥料氮在土壤剖面中分布的影响（N，克/盆）

（张水勤，2018）

土壤层次 （厘米）	冬小麦				夏玉米			
	U	HAU1	HAU2	HAU3	U	HAU1	HAU2	HAU3
0~15	0.035	0.034	0.035	0.031	0.106	0.102	0.109	0.110
15~30	0.046	0.058	0.048	0.042	0.082	0.082	0.096	0.084
30~50	0.156	0.162	0.252	0.230	0.075	0.083	0.063	0.091
50~70	0.324	0.241	0.392	0.424	0.020	0.013	0.017	0.019
70~90	0.103	0.085	0.066	0.064	0.007	0.005	0.006	0.007
总计	0.664	0.580	0.793	0.791	0.290	0.285	0.291	0.311

注：潮土田间土柱栽培试验。由pH分级所获得的不同腐植酸级分样品$HA_{3~4}$、$HA_{6~7}$和$HA_{9~10}$，按5‰的比例分别添加至熔融的尿素中，制得相应的不同结构腐植酸尿素熔融试验产品HAU1、HAU2和HAU3，以熔融但不添加腐植酸制备的普通尿素U为参照肥料。具体试验处理详见张水勤（2018）。

表4-23为不同腐植酸含量的系列增值尿素在冬小麦、夏玉米上对氮肥利用和去向的影响结果。由表4-23看出，增值尿素无论是在冬小麦还是夏玉米上，相比普通尿素都表现出利用率高、残留率高、损失率低的特点，增值尿素随腐植酸添加量的增加上述效果有越明显的趋势。但是从腐植酸提高氮肥利用率的效果看，腐植酸1%的微量添加（HAU1）的肥料增效效果可达到20%添加量（HAU4）的42.7%~68.3%。如果针对尿素的特点，通过对腐植酸结构优化，开发尿素专用的高效腐植酸增效载体，可以实现在微量添加（不超过5‰）就能显著提高尿素氮肥的利用率，既节省宝贵的腐植酸资源，又容易与尿素大型生产装置结合一体化生产增值尿素，利于实现增值肥料大产能、低成本生产。

表4-23 腐植酸增值尿素对肥料氮去向的影响

（李军，2017a）

处理	肥料氮利用率（%）		肥料氮残留率（%）		肥料氮损失率（%）	
	冬小麦	夏玉米	冬小麦	夏玉米	冬小麦	夏玉米
U	29.69c	50.47b	43.91b	24.28c	26.41a	25.25a
HAU1	32.90bc	56.35a	45.53b	25.69b	21.57b	17.96b
HAU2	34.31ab	57.62a	46.80b	26.18ab	18.89b	16.22bc

（续表）

处理	肥料氮利用率（%）		肥料氮残留率（%）		肥料氮损失率（%）	
	冬小麦	夏玉米	冬小麦	夏玉米	冬小麦	夏玉米
HAU3	36.04ab	58.12a	53.83a	25.64b	10.13c	16.24bc
HAU4	37.20a	59.08a	56.43a	26.81a	6.37d	14.12c

注：潮土田间土柱栽培试验。U为普通尿素，HAU1、HAU2、HAU3、HAU4分别为含腐植酸1%、5%、10%、20%的腐植酸尿素。具体试验处理详见李军（2017a）。同列中字母表示5%水平差异显著性。

从表4-24尿素氮肥在土壤剖面上的残留量分布看出，腐植酸增值尿素与普通尿素相比，具有残留高、移动慢、分布浅的特点，利于肥—根耦合和减低淋洗损失风险。

表4-24 腐植酸增值尿素对肥料氮在土壤剖面中分布的影响（N，克/盆）

（李军，2017a）

土壤层次（厘米）	冬小麦					夏玉米				
	U	HAU1	HAU2	HAU3	HAU4	U	HAU1	HAU2	HAU3	HAU4
0～15	0.042	0.038	0.042	0.049	0.048	0.122	0.136	0.133	0.117	0.118
15～30	0.075	0.073	0.069	0.116	0.127	0.112	0.130	0.123	0.133	0.144
30～50	0.126	0.124	0.132	0.176	0.211	0.089	0.089	0.105	0.106	0.112
50～70	0.220	0.352	0.350	0.324	0.337	0.031	0.025	0.028	0.026	0.024
70～90	0.196	0.095	0.110	0.141	0.124	0.011	0.004	0.003	0.003	0.004
总计	0.659b	0.683b	0.702b	0.807a	0.846a	0.365c	0.384b	0.393ab	0.386b	0.402a

注：潮土田间土柱栽培试验。U为普通尿素，HAU1、HAU2、HAU3、HAU4分别为含腐植酸1%、5%、10%、20%的腐植酸尿素。具体试验处理详见李军（2017a）。同行中字母表示5%水平差异显著性。

表4-25为^{15}N尿素在夏玉米上的盆栽试验结果。由表4-25看出，腐植酸尿素（HA1、HA2、HA4）的氮肥利用率较普通尿素（CK）的高，肥料氮损失率低，残留率差异较小。

表4-25 腐植酸增值尿素对夏玉米肥料氮去向的影响

（刘增兵，2009a）

处理	肥料氮利用率（%）	肥料氮残留率（%）	肥料氮损失率（%）
CK	37.28d	18.85b	43.87a

（续表）

处理	肥料氮利用率（%）	肥料氮残留率（%）	肥料氮损失率（%）
HA1	42.46c	17.98d	39.57b
HA2	50.47a	19.14a	30.39d
HA4	46.16b	18.33c	35.52c

注：潮土田间盆栽试验。CK为普通尿素，HA1、HA2、HA4分别为含腐植酸2.27%、5.52%、11.78%的腐植酸尿素。具体试验处理详见刘增兵（2009a）。同列中字母表示5%水平差异显著性。

上述系列^{15}N尿素氮肥示踪试验结果基本肯定了增值尿素利用率高、残留率高、损失率低，氮肥移动慢、分布浅的特征，增产增效和环保效果优于普通尿素。另外，上述系列试验结果也看出，夏玉米上施用尿素氮肥的损失率明显高于冬小麦，但残留率则明显低于冬小麦，这种现象可能与两种作物生长季节的水热条件不同有关。

田间土柱栽培试验结果表明（表4-26），等磷量投入下，腐植酸磷肥产品的磷肥利用率显著高于普通磷肥，在冬小麦、夏玉米上分别比普通磷肥高3.10～8.26个百分点和5.85～13.10个百分点，且增值磷肥提高磷肥利用率的幅度有随腐植酸含量的增加而增高的趋势。由表4-26亦看出，无论是冬小麦还是夏玉米，施用腐植酸增值磷肥的农学效率和偏生产力也明显高于普通磷肥。

表4-26　冬小麦、夏玉米施用不同磷肥产品对磷肥利用效率的影响

（李军，2017a）

处理	冬小麦			夏玉米		
	表观利用率（%）	农学效率（千克/千克）	偏生产力（千克/千克）	表观利用率（%）	农学效率（千克/千克）	偏生产力（千克/千克）
P	21.84d	16.57d	33.05d	22.11d	23.44f	136.60e
P-HAP1	24.94bc	19.74bc	36.22c	27.96c	29.64cde	142.80d
P-HAP2	26.50b	20.80abc	37.28abc	30.48bc	35.36bc	148.52bc
P-HAP3	30.10a	21.78a	38.26a	31.86ab	37.26ab	150.42abc
P-HAP4	29.41a	21.21ab	37.69ab	35.21a	41.94a	155.10a

注：潮土田间土柱栽培试验。P为普通磷酸一铵，P-HAP1、P-HAP2、P-HAP3、P-HAP4分别为含腐植酸1%、5%、10%、20%的腐植酸磷酸一铵。具体试验处理详见李军（2017a）。同列中字母表示5%水平差异显著性。

由表4-27结果看出，等磷量投入下，增值磷肥0～50厘米土层速效磷含量有明显高于普通磷肥的趋势，50～90厘米土层，二者差异不大。

图4-27　施用不同磷肥产品对土壤速效磷含量分布的影响（毫克/千克）

（李军，2017a）

作物	土层（厘米）	CK	P	P-HAP1	P-HAP2	P-HAP3	P-HAP4
	0～15	4.22c	10.24b	12.71a	13.03a	12.05a	12.89a
	15～30	4.04c	11.20b	13.83a	13.59a	13.68a	13.19a
冬小麦	30～50	3.74c	7.21b	9.63a	9.49a	8.81ab	8.61ab
	50～70	3.63a	4.54a	4.06a	3.66a	4.30a	3.32a
	70～90	4.20a	4.41a	4.27a	4.36a	5.05a	4.34a
	0～15	6.18c	10.90b	10.94b	13.11a	12.83ab	12.43ab
	15～30	8.16d	13.70c	16.18b	18.72a	17.62ab	16.37b
夏玉米	30～50	6.14abc	5.36bc	5.27c	6.39ab	6.69a	6.67ab
	50～70	5.77a	4.55b	4.80b	5.01ab	5.07ab	4.74b
	70～90	5.24a	4.38a	4.99a	4.92a	4.79a	4.93a

注：潮土田间土柱栽培试验。CK为不施磷肥处理，P为普通磷酸一铵，P-HAP1、P-HAP2、P-HAP3、P-HAP4分别为含腐植酸1%、5%、10%、20%的腐植酸磷酸一铵。具体试验处理详见李军（2017a）。同行同栏目字母表示5%水平差异显著性。

由表4-28看出，高效腐植酸、海藻酸、氨基酸载体在微量添加（1%以下）的情况下，低磷和高磷施肥水平下增值磷肥的利用率明显高于普通磷肥。

表4-28　冬小麦不同增值磷肥产品对磷肥表观利用率的影响（%）

（李志坚，2013b）

施磷水平	P	H1-P	H2-P	H3-P	A1-P	A2-P	A3-P	G1-P	G2-P	G3-P
低磷	39.96d	55.17bc	65.92ab	77.43a	46.85cd	67.84ab	74.36a	44.38cd	52.99cd	48.63cd
高磷	20.09cd	20.41cd	29.30b	28.95b	26.42bc	30.43ab	35.62a	14.92d	20.17cd	24.50bc

注：田间土柱栽培试验，供试土壤为潮土。P为普通磷酸一铵，H1-P、H2-P、H3-P为分别按2‰、5‰、10‰腐植酸增效液添加量（固形物）制备的腐植酸磷酸一铵，A1-P、A2-P、A3-P为分别按0.5‰、2‰、5‰海藻发酵液添加量（固形物）制备的海藻磷酸一铵，G1-P、G2-P、G3-P为分别按2‰、5‰、10‰谷氨酸增效液添加量（固形物）制备的谷氨酸磷酸一铵。同行中字母表示5%水平差异显著性。

田间土柱栽培试验结果表明（表4-29），等磷量投入下，不同分子量的腐植酸与磷肥结合后，都有改善磷肥肥效的作用，但是中分子量腐植酸磷肥（PHA_M）和小分子量腐植酸磷肥（PHA_L）改善磷肥肥效的效果好于大分子量腐植酸磷肥（PHA_H）。

表4-29　不同分子量腐植酸磷肥对冬小麦磷肥利用效率的影响

（李伟，2018，未发表资料）

处理	表观利用率（%）	农学效率（千克/千克）	偏生产力（千克/千克）
P	33.48a	32.35b	44.16b
PHA_H	33.99a	32.89b	46.82b
PHA_M	38.00a	38.88a	52.47a
PHA_L	38.89a	39.80a	53.59a

注：潮土田间土柱栽培试验。P为普通磷肥，PHA_H、PHA_M、HA_L分别为添加大分子、中分子、小分子腐植酸磷肥，腐植酸添加量均为5‰。同列中字母表示5%水平差异显著性。

由表4-30结果亦看出，等磷量投入下，磺化或氧化处理的腐植酸与磷肥结合后，改善磷肥肥效的作用优于普通未磺化或氧化处理的腐植酸。

表4-30　磺化/氧化腐植酸磷肥对冬小麦磷肥利用效率的影响

（马明坤等，2019）

处理	表观利用率（%）	农学效率（千克/千克）	偏生产力（千克/千克）
P	29.5b	31.16e	43.74c
HAP	32.5ab	35.99cd	46.48bc
HA1P	39.7a	44.49a	51.53a
HA2P	36.4ab	37.22c	48.13ab
HA3P	34.0ab	38.55ab	51.38a
HA4P	34.0ab	35.61d	48.57ab

注：潮土田间土柱栽培试验。P、HAP、HA1P、HA2P、HA3P、HA4P分别代表普通磷肥、腐植酸磷肥、磺甲基化腐植酸磷肥、双氧水+磺甲基化腐植酸磷肥、硝酸+磺甲基化腐植酸磷肥、双氧水+硝酸+磺甲基化腐植酸磷肥。腐植酸添加量均为5‰。同列中字母表示5%水平差异显著性。

总之，增值肥料最大的特点是通过调肥—调根—调土实现对"肥料—作物—土壤"系统的综合调控，尤其注重调控和调动根系的吸收功能，显著改善肥效和提高肥料利用率。增值肥料（增值尿素、增值磷铵、增值钾肥等）类型不同，调肥、调根、调土改善肥效的贡献比例和侧重有所不同。例如，磷肥易固定、移动性差、作物需肥临界期比较靠前、作物苗期根系浅而少，因此，增值肥料实现根—磷高效耦合、促进根系养分吸收则成为磷肥增效的重点。氮肥活性高、损失途径多、损失量大是影响氮肥高效利用的主要矛盾，因此，增值肥料强化控氮损失、保氮供应、促根吸收，综合发力，才能大幅度改善氮肥肥效。钾肥的特点居于氮肥和磷肥之间，促根吸收也是增值钾肥提高钾肥利用率的重点。总体来讲，化肥有效养分高效化产品创新除了调控养分损失、固定等改善肥料的营养功能以外，一定要重视调动根系的吸收功能来改善肥效，过去高效肥料开发对这一点重视不够。

参考文献

董莲华，李宝珍，袁红莉，等，2010. 褐煤腐植酸对土壤氨氧化古菌群落结构的影响[J]. 微生物学报，50（6）：780-787.

杜伟，2010. 有机无机复混肥优化化肥养分利用的效应与机理[D]. 北京：中国农业科学院.

杜振宇，王清华，刘方春，等，2012. 腐殖酸对钾在褐土中迁移和转化的影响[J]. 土壤，44（5）：822-826.

李军，2017a. 腐植酸对氮、磷肥增效减量效应研究[D]. 北京：中国农业科学院.

李军，袁亮，赵秉强，等，2017b. 腐植酸尿素对玉米生长及肥料氮利用的影响[J]. 植物营养与肥料学报，23（2）：524-530.

李丽，武丽萍，成绍鑫，1998. 腐植酸对磷肥增效作用的研究概况[J]. 腐植酸（4）：1-6.

李丽，武丽萍，成绍鑫，1999. 腐植酸磷肥的开发及其作用机理研究进展[J]. 磷肥与复肥（3）：58-61.

李伟，袁亮，赵秉强，等，2013. 增值尿素的氨挥发特征及其对土壤微生物量碳和脲酶活性的影响[J]. 腐植酸（6）：15-20.

李志坚，2013a. 增效剂对化学磷肥的增效作用与机理研究[D]. 北京：中国农业科学院.

李志坚，林治安，赵秉强，等，2013b. 增效磷肥对冬小麦产量和磷素利用率的影响[J]. 植物营养与肥料学报，19（6）：1 329-1 336.

刘旋，佟昊阳，田礼欣，等，2018. 外源海藻糖对低温胁迫下玉米幼苗根系生长及生理特性的影响[J]. 中国农业气象，39（8）：538-546.

刘增兵，2009a. 腐植酸增值尿素的研制与增效机理研究[D]. 北京：中国农业科学院.

刘增兵，束爱萍，赵秉强，等.2014. 风化煤腐植酸增效尿素红外光谱分析[J]. 农业资源与
　　环境学报，31（5）：393-400.

刘增兵，赵秉强，林治安，2009b. 熔融造粒腐植酸尿素的缓释性能研究[J]. 植物营养与肥
　　料学报，15（6）：1 444-1 449.

刘增兵，赵秉强，林治安，2010. 腐植酸尿素氨挥发特性及影响因素研究[J]. 植物营养与
　　肥料学，16（1）：208-213.

陆欣，王申贵，1996. 应用腐殖酸改善石灰性土壤磷素供应状况的研究[J]. 土壤通报，27
　　（6）：265-267.

陆欣，王申贵，王海洪，等，1997. 新型脲酶抑制剂的试验研究[J]. 土壤学报，34（4）：
　　461-466.

马明坤，袁亮，李燕婷，等，2019. 不同磺化腐殖酸磷肥提高冬小麦产量和磷素吸收利用
　　的效应研究[J]. 植物营养与肥料学报，25（3）：362-369.

孙静悦，袁亮，林治安，等，2019. 氧化/磺化腐殖酸对潮土中Cu、Zn、Fe、Mn有效性的
　　影响[J]. 植物营养与肥料学报，25（9）：1 495-1 503.

孙凯宁，2010. 增值尿素的缓释效应及其肥效研究[D]. 泰安：山东农业大学.

田礼欣，李丽杰，刘旋，等，2017. 外源海藻糖对盐胁迫下玉米幼苗根系生长及生理特性
　　的影响[J]. 江苏农业学报，33（4）：754-759.

王桂伟，陈宝成，贾吉玉，等，2019. 活化磷钾肥在小白菜上施用效果研究[J]. 磷肥与复
　　肥，34（5）：30-34.

王亮亮，高志山，宋涛，2017. 聚天冬氨酸和生根剂复配对玉米根系及幼苗生长的影
　　响[J]. 江苏农业科学，45（22）：67-69.

王永壮，陈欣，史奕，等，2018. 低分子量有机酸对土壤磷活化及其机制研究进展[J]. 生
　　态学杂志，37（7）：2 189-2 198.

王曰鑫，侯宪文，2005. 腐植酸对土壤中无机磷活化效应的研究[J]. 腐植酸（2）：7-14.

王振振，张超，史春余，等，2012. 腐植酸缓释钾肥对土壤钾素含量和甘薯吸收利用的影
　　响[J]. 植物营养与肥料学报，18（1）：249-255.

温延臣，袁亮，林治安，等，2012. 海藻液对玉米苗期生长的影响[J]. 中国农学通报，28
　　（30）：36-39.

杨志福，李京淑，杨琇，1982. 利用^{32}P研究腐植酸对磷肥在土壤中移动深度及有效性的影
　　响[J]. 北京农业大学学报，8（2）：29-36.

杨志福，张福锁，苏春明，1990. 腐植酸及其氧解产物对速效磷增效作用的研究[J]. 腐植
　　酸（4）：20-26.

杨志福，1986. 腐植酸类物质在农业生产中应用的试验研究、示范推广的阶段性总结[J].

江西腐植酸（3）：7-58.

袁亮，2014a. 增值尿素新产品增效机理和标准研究[D]. 北京：中国农业科学院.

袁亮，赵秉强，林治安，等，2014b. 增值尿素对小麦产量、氮肥利用率及肥料氮在土壤
　　剖面中分布的影响[J]. 植物营养与肥料学报，20（3）：620-628.

张健，2017. 氨基酸发酵尾液对水溶肥料的增效作用与机理研究[D]. 泰安：山东农业大学.

张健，李燕婷，袁亮，等，2018. 氨基酸发酵尾液可促进樱桃番茄对水溶肥料氮素的吸收
　　利用[J]. 植物营养与肥料学报，24（1）：114-121.

张水勤，2018. 不同腐植酸级分的结构特征及其对尿素的调控[D]. 北京：中国农业大学.

张水勤，袁亮，李伟，等. 2017b. 腐植酸尿素对玉米产量及肥料氮去向的影响[J]. 植物营
　　养与肥料学报，23（5）：1 207-1 214.

张水勤，袁亮，林治安，等，2017a. 腐植酸促进植物生长的机理研究进展[J]. 植物营养与
　　肥料学报，23（4）：1 065-1 076.

张晓虹，杨延杰，2015. 不同浓度海藻生根剂对黄瓜幼苗生长及根系形态的影响[J]. 北方
　　园艺（17）：11-14.

张玉兰，王俊宇，马星竹，等. 2009. 提高磷肥有效性的活化技术研究进展[J]. 土壤通报，
　　40（1）：194-202.

赵秉强，2016. 传统化肥增效改性提升产品性能与功能[J]. 植物营养与肥料学报，22
　　（1）：1-7.

周丽平，2019a. 过氧化氢氧化腐植酸的结构性及其对玉米根系的调控[D]. 北京：中国农
　　业科学院.

周丽平，袁亮，赵秉强，等，2019b. 不同用量风化煤腐殖酸对玉米根系的影响[J]. 中国农
　　业科学，52（2）：285-292.

周丽平，袁亮，赵秉强，等，2019c. 不同分子量风化煤腐殖酸对玉米植株主要代谢物的
　　影响[J]. 植物营养与肥料学报，25（1）：142-148.

Calvo P，Nelson L，Kloepper J W，2014. Agricultural uses of plant biostimulants[J]. Plant
　　and Soil，383（1）：3-41.

Crouch I J，Van Staden J，1991. Evidence for rooting factors in a seaweed oncentrate
　　prepared from Ecklonia maxima[J]. Journal of Plant Physiology，137（3）：319-322.

Delgado A，Madrid A，Kassem S，et al.，2002. Phosphorus fertilizer recovery from
　　calcareous soils amended with humic and fulvic acids[J]. Plant and Soil，245：277-286.

Dong L，Córdova-Kreylos A L，Yang J S，et al.，2009. Humic acids buffer the effects
　　of urea on soil ammonia oxidizers and potential nitrification[J]. Soil Biology and
　　Biochemistry，41（8）：1 612-1 621.

Du J P，2015. Plant biostimulants：Definition，concept，main categories and regulation[J].

Scientia Horticulturae, 196: 3-14.

Stevenson F J, 1994. Humus Chemistry (Second Edition): Genesis, Composition, Reactions[M]. John Wiley & Sons Inc.

Wang X J, Wang Z Q, Li S G, 1995. The effect of humic acids on the availability of phosphorus fertilizers in alkaline soils[J]. Soil Use and Management, 11: 99-102.

Zhang S Q, Yuan L, Li W, et al., 2019. Effects of urea enhanced with different weathered coal-derived humic acid components on maize yield and fate of fertilizer nitrogen[J]. Journal of Integrative Agriculture, 18 (3): 656-666.

第5章
增值肥料的工艺与原理

　　增值肥料属于载体融合制肥工艺，通常是将安全环保的生物活性有机增效载体（固体/液体），按一定的数量添加到尿素、磷铵、复合肥生产工艺流程中的适宜工段，与尿素、磷铵、复合肥大型生产装置相结合一体化生产，无须二次加工。

　　增值肥料（增值尿素、增值磷铵、增值复合肥等）的类型不同，增效载体与化肥大型生产装置结合的工艺特点不同。例如，增值尿素生产中，通常将增效载体（液体型）添加到尿素脱水过程中的一段蒸发和二段蒸发之间；增值磷铵生产中，通常将增效载体（液体/固体）添加到磷酸中混匀，再与氨中和生产增值磷铵。复合肥生产工艺类型较多，通常分为高塔工艺、料浆工艺和转鼓团粒工艺。高塔工艺增值复合肥生产中，增效载体通常添加到共熔料浆中；料浆工艺和转鼓团粒工艺增值复合肥生产，增效载体通常添加到造粒机中。同一类型增值肥料产品，因增效载体的添加量差异，添加工段也有所不同。例如，液体剂型的腐植酸增效载体的添加量大于20千克/吨（增值尿素），通常需要在尿素脱水浓缩的一段蒸发之前添加；10~15千克/吨（增值尿素），则通常在一段蒸发和二段蒸发之间添加；小于5千克/吨（增值尿素），可以在二段蒸发之后添加，混匀后直接喷淋造粒。另外，同一类型增值肥料产品的生产工艺不同，对增效载体的剂型、有效成分浓度和添加量要求不同，例如，高塔工艺生产增值复合肥料，因缺少脱水工艺过程，增效载体选用固体剂型或有效成分含量高的液体剂型为好。通常情况下，增效载体活性高、微量添加（载体有效成分添加量一般不超过5‰），则更容易实现增值肥料与化肥大型生产装置结合一体化生产。因此，研发微量高效的生物活性增效载体，成为增值肥料的技术核心。

5.1 增值肥料的增效载体

5.1.1 增效载体的质量要求

增效载体首先要能与大型化肥生产装置相结合一体化生产增值肥料，避免二次加工，实现大产能、低成本、效果好。除此之外，增效载体还应具备以下特点。

绿色环保：增值肥料强调利用腐植酸类、海藻提取物、氨基酸类等天然/植物源材料开发增效载体，不仅可以通过综合调控"肥料—作物—土壤"系统提高肥料利用率，而且增效载体本身安全环保、环境友好。

综合调控：生物活性有机增效载体与肥料结合后，制成增值肥料，既要调控肥料养分在土壤中的释放、转化、移动、损失、固定等过程，优化肥料的供肥性，提高肥料利用率，又能够通过促进根系生长和提高根系活性，调动根系主动吸收肥料养分的能力，提高肥料利用率，还可以通过对土壤物理—化学—生物过程的调控，改善土壤环境，进一步优化养分供应。"肥料—作物—土壤"系统综合调控增效既是增值肥料的技术特点，也是增值肥料增效的理论基础。

微量高效：增效载体要求具有高活性，微量应用（有效成分添加量一般不超过5‰）即可高效调控"肥料—作物—土壤"系统增效。实践中，可根据肥料（氮、磷、钾等）类型、生产工艺、作物类型等差异和需求不同，有针对性地开发专用型增效载体，更好地实现增效载体微量高效性。载体微量高效的技术策略，利于与大型化肥生产装置结合一体化生产增值肥料，避免二次加工，实现大产能，同时也利于资源节约和降低成本。

配伍性好：增效载体与肥料配伍结合后，载体活性可以继续保持乃至提高，并且在肥料存储期间保持活性不退化；增效载体与肥料相融性好，在每个肥料颗粒中分布均匀，实现增效载体与化肥大型生产装置结合一体化生产，生产的增值肥料性质稳定，防结性、储存性、溶解性等符合市场要求。另外，液体剂型的增效载体黏性、流动性等符合生产要求。

生产安全：增效载体与化肥大型生产装置结合一体化生产增值肥料过程中，增效载体的添加不能对化肥大型生产装置产生腐蚀等负面影响，尤其增值肥料在连续化量产情况下，保障生产装备的安全性尤为重要。2017年1月22日至3月7日，云南水富云天化有限公司产能80万吨/年的大型尿素装置上实现10万吨锌腐酸增值尿素连续不间断生产，创造增值尿素一次性不间断生产最高产量的世界纪录，载入2018年中国氮肥工业发展60周年大事记。

可检测性：一方面，增效载体本身的有效成分含量可检测，能够建立增效载体的产品标准；另一方面，增效载体与肥料配伍后制成的增值肥料产品，载体含量和肥料功能性指标可检测，便于制定产品标准，规范产业发展和利于市场管理。

5.1.2 增效载体的主要类型及其制备工艺

5.1.2.1 腐植酸类

腐植酸是由动植物残体，主要是植物残体，经过微生物的分解和转化以及经地球物理、化学的一系列相互作用，形成的一类富含羧基、酚羟基、甲氧基等含氧官能团的芳香族无定型高分子化合物的混合物（HG/T 5514—2019），它广泛存在于土壤、泥炭、褐煤、风化煤、湖泊、河流和海洋中，可生产应用的原料主要有风化煤、褐煤、泥炭等。腐植酸本身含有的矿质营养元素很少，肥效很低，通常不能作为肥料施用，但是，腐植酸是一种优质的肥料增效材料。

腐植酸增效载体是以腐植酸类物质为主要原材料，利用物理、化学、生物等加工技术将其制成具有生物活性、与化肥配伍后能通过综合调控"肥料—作物—土壤"系统而改善化肥肥效的增效材料。腐植酸增效载体因经结构性优化和活性增强，具有微量高效（有效成分添加量一般不超过5‰）、安全环保、肥料专用等特点，满足5.1.1节增效载体的质量要求。

以风化煤/褐煤为主要原料，制备腐植酸增效载体的工艺流程主要包括：①腐植酸原料经生物发酵处理，改变腐植酸的分子量、结构性、活性官能团数量等，提高腐植酸生物活性和提取率；②针对肥料种类及主要应用作物等，采用专用生物/化学复合抽提剂提取高活性腐植酸；③提取腐植酸二次生物发酵，进一步丰富活性官能团；④腐植酸分子量和官能团结构优化，提高活性；⑤配伍螯合中微量元素；⑥浓度优化，制备专用型微量高效腐植酸增效载体。中国农业科学院农业资源与农业区划研究所新型肥料团队利用风化煤/褐煤腐植酸开发了锌腐酸系列增效载体，并于2010年实现产业化，其制备工艺如图5-1所示。

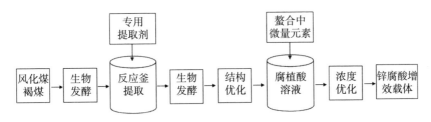

图5-1　锌腐酸增效载体的生产工艺流程

因氮肥、磷肥、钾肥等的特性和调控增效的理论、技术策略不同，对腐植酸增效载体结构性的要求也不同，因此，实践中，可根据增值肥料类型及其生产工艺不同，开发相应的氮肥、磷肥、钾肥、复合肥等专用型腐植酸增效载体，提高载体的增效效果。另外，腐植酸的结构性（分子量、元素组成、官能团）不同，对作物根系的调控效应也有很大不同（周丽平，2019），因此，腐植酸增效载体开发要综合考虑结构性对肥料及作物根系高效调控的需要。锌腐酸增效载体已经广泛应用在尿素、磷铵和复合肥上，形成了锌腐酸尿素、锌腐酸磷铵、锌腐酸复合肥等增值肥料产业化产品。

5.1.2.2 海藻提取物类

海藻是生长在海洋环境中的藻类植物，分为微藻和大型藻，通常将大型藻称为海藻（秦益民，2018）[2]。大型海藻主要包括褐藻、红藻和绿藻3个门，其中，褐藻（主要有海带、马尾藻、泡叶藻等）是农业应用最多的一个门类。

海藻提取物主要以褐藻为原料，经过粉碎、细胞破壁、内容物释放、分离、浓缩等工艺过程提取，其物质组成包括：①海藻多糖类物质，如海藻酸、岩藻多糖、海藻淀粉、甘露糖、纤维素等；②蛋白质、氨基酸、脂肪，以及糖醇、维生素、色素、多酚类物质等；③钙、镁、硫、钾、铁、锰、锌、铜、硼等矿质营养元素；④植物生长调节剂类物质，例如，甜菜碱、油菜素甾醇、茉莉酸、生长素、细胞分裂素、脱落酸、赤霉素等。因此，海藻提取物生物活性高，具有刺激植物生长、增强抗逆、改善营养等功能。海藻提取物经过加工可以制成肥料增效载体，与肥料配伍生产增值肥料。

海藻酸是由单糖醛酸线性聚合而成的多糖，单体为$\beta-1$，$4-D-$甘露糖醛酸和$\alpha-1$，$4-L-$古洛（罗）糖醛酸，通过1，4-糖苷键相连成为嵌段共聚物，实验式为$(C_6H_8O_6)n$。海藻酸是海藻和海藻提取物的主要组成成分，例如，泡叶藻中海藻酸含量可达15%~30%（秦益民，2018）[48]，海带中的海藻酸含量可达30%以上（秦益民，2008）[41]。因此，由海藻提取物制备的增效载体通常以海藻酸作为代表性物质。

海藻酸增效载体是以海藻为主要原材料，利用物理、化学、生物等加工技术将其制成具有生物活性、与化肥配伍后能通过综合调控"肥料—作物—土壤"系统而改善化肥肥效的增效材料。海藻酸增效载体是以海藻酸为主、由多种海藻提取物成分组成的具有高效生物活性的复合体，通常以海藻酸为代表性物质计量，具有微量高效（海藻酸添加量一般不超过5‰）、安全环保、肥料专用等特点，满足5.1.1节增效载体的质量要求。

中国农业科学院农业资源与农业区划研究所新型肥料团队以褐藻海带为主要原料，利用生物发酵—酶解—化学联合提取技术，开发了发酵海藻酸系列增效载体，并于2008年实现产业化，其制备工艺流程如图5-2所示，①海带原料粉碎后首先经复合菌群生物发酵处理，降解海藻大分子物质，提高活性物质含量和提取率，增强海藻提取液的流动性；②复合酶进一步分解海藻纤维、蛋白质、果胶等成分；③专用复合提取剂制备液体海藻提取物；④配伍螯合中微量元素；⑤浓度优化，制备专用型微量高效海藻酸增效载体。

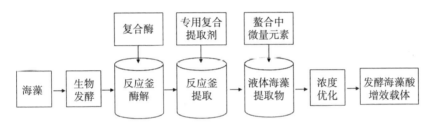

图5-2　发酵海藻酸增效载体的生产工艺流程

发酵海藻酸增效载体具有生物活性高、提取率高、流动性好、与化肥配伍性强等优点，海藻酸含量可达到6%以上，是传统提取技术的2倍多。实践中，可根据增值肥料类型及其生产工艺，考虑载体对作物根系的高效调控需求，开发相应的氮肥、磷肥、钾肥、复合肥等专用型海藻酸增效载体，提高载体的增效效果。发酵海藻酸增效载体已经广泛应用于尿素、磷铵、复合肥及水溶肥增值，形成了海藻酸尿素、海藻酸磷铵、海藻酸复合肥、海藻酸水溶肥料等海藻系列增值肥料产业化产品。

5.1.2.3　氨基酸类

氨基酸（Amino acid）是含有氨基和羧基的有机化合物，是组成蛋白质的基本单位。氨基酸的种类很多，被用作肥料增效载体的主要有谷氨酸和天门冬氨酸，二者都是酸性氨基酸。

谷氨酸（Glutamic acid）分子内含两个羧基，化学名称为α-氨基戊二酸，相对分子量147.13。谷氨酸有左旋体、右旋体和外消旋体，L-

谷氨酸是蛋白质的主要构成成分。谷氨酸通常利用微生物发酵技术生产（邓毛程，2014）[67-91]。

天门冬氨酸（Aspartic acid）是一种α-氨基酸，分为D型和L型。构成蛋白质的天冬氨酸属于L-型天冬氨酸，相对分子量133.10。L-天门冬氨酸通常利用富马酸在天冬氨酸酶和氨的作用下转化生产（李仲福和卞涛，2015）。

谷氨酸和天门冬氨酸都可以经过缩合反应通过由羧基和氨基结合的肽键连接起来，形成它们各自的均聚氨基酸（Poly amino acid，PAA），即聚谷氨酸（Polyglutamic acid，PGA）和聚天冬氨酸（Polyaspartic acid，PASP）。

聚谷氨酸可通过化学法、提取法和微生物发酵法等技术生产，其中，微生物发酵法是最常用的生产聚合谷氨酸的方法（施庆珊，2004；王军和邵丽琴，2008）（徐虹和欧阳平凯，2010）[18-95]。通过微生物发酵制备的聚合谷氨酸是γ-聚谷氨酸（γ-PGA），是一种由D-谷氨酸和L-谷氨酸为单位以γ-羧基和α-氨基以肽键的形式缩合而成的一种阴离子多肽分子，其分子量一般在100~1 000KDa，相当于500~5 000个谷氨酸单体（石峰，2006）。聚天门冬氨酸（PASP）可利用L-天门冬氨酸为原料热缩合成聚天冬氨酸，也可利用马来酸酐与氨反应生产聚天冬氨酸（冷一欣，2005；汪家铭，2009），生产的聚天门冬氨酸的分子质量多在1 000~5 000范围内。

γ-聚谷氨酸（γ-PGA）和聚天门冬氨酸（PASP）的分子链上含有大量侧链羧基，具有很好的水溶性、吸水性、保湿性、对金属离子亲和性，无毒、可生物降解，是绿色生物大分子，被广泛应用于医药、化妆、食品、阻垢剂等领域。近年来，它们在肥料增效领域的应用越来越受到重视（李志坚，2013）（赵秉强等，2013）[197-198]（袁亮，2014a；2014b；2015）。

氨基酸增效载体是以蛋白质水解物、氨基酸、聚合氨基酸等为主要原材料，利用物理、化学、生物等加工技术将其制成具有生物活性、与化肥配伍后能通过调控"肥料—作物—土壤"系统而改善化肥肥效的增效材料。氨基酸增效载体是以氨基酸/聚合氨基酸为主、由多种成分组成的具有高效生物活性的复合体，通常以氨基酸/聚合氨基酸为代表性物质计量，具有微量高效（氨基酸/聚合氨基酸添加量一般不超过5‰）、安全环保、肥料专用等特点，满足5.1.1节增效载体的质量要求。

中国农业科学院农业资源与农业区划研究所新型肥料团队开发的禾谷素系列增效载体，是以谷氨酸等复合氨基酸为原料，主要利用生物发酵技术制备的聚合氨基酸增效载体，其生产工艺流程如图5-3所示，①谷氨酸等氨基酸、糖类、蛋白质、矿物质、维生素等发酵原料按比例配制发酵物料，接种发酵菌剂进行生物发酵，生产聚合氨基酸液；②聚合氨基酸分子量和结构优化，提高活性；③配伍螯合中微量元素；④浓度优化，制备专用型微量高效氨基酸增效载体。

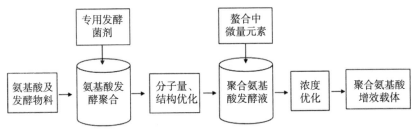

图5-3 禾谷素增效载体的生产工艺流程

禾谷素增效载体生物活性高、流动性好、与化肥配伍性强，聚合谷氨基酸可达到5%以上，活性固形物含量达到30%以上。实践中，可根据增值肥料类型及其生产工艺，考虑载体对作物根系的高效调控需求，开发相应的氮肥、磷肥、钾肥、复合肥等专用型发酵氨基酸增效载体，提高载体的增效效果。禾谷素增效载体已经广泛应用于尿素、磷铵、复合肥及水溶肥增值，形成了禾谷素尿素、禾谷素磷铵、禾谷素复合肥、禾谷素水溶肥料等系列氨基酸载体增值肥料产业化产品。

5.2　增值肥料主要产品类型与生产工艺

增值肥料是利用载体增效制肥技术，将安全环保的生物活性有机增效载体与化学肥料科学配伍，通过综合调控"肥料—作物—土壤"系统改善肥效的肥料增值产品，其最大的工艺特点是增效载体与尿素、磷铵、复合肥等大型生产装置相结合一体化生产，无须二次加工，产能高、成本低、效果好。

5.2.1　增值尿素及其生产工艺

增值尿素是将安全环保的生物活性增效载体，添加到尿素生产工艺中，与尿素生产装置结合生产的高效尿素产品。目前，已经实现产业化的增值尿素产品主要包括腐植酸增值尿素、海藻酸增值尿素和氨基酸增值尿素等。

普通尿素的生产主要分为尿素合成、分离提纯、脱水浓缩和造粒4个过程。增值尿素生产需要在大型尿素生产装置基础上，①增加增效载体精准计量添加系统；②增效载体根据其性质和添加量的不同，在尿素脱水浓缩的一段蒸发、二段蒸发的适宜工段添加到尿素熔融液中，或在二段蒸发之后添加，融匀后直接进入造粒工段。利用锌腐酸增效载体（液体剂型）生产锌腐酸增值尿素的生产工艺流程如图5-4所示。

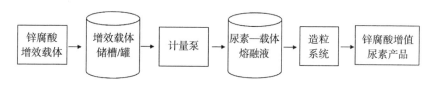

图5-4　锌腐酸增值尿素生产工艺流程

生产中，用于生产增值尿素的增效载体多为含水的液体剂型，液体载体既容易计量添加，也利于与尿素熔融液快速融合均匀。由于增效载体的活性和浓度不同，所需的添加量不同，相应的添加工段也有所不同。如果每吨尿液中液体增效载体的添加量超过20千克，带入尿液的水量较多，则可在尿素一段蒸发前添加；添加量5~20千克，可在一段蒸发和二段蒸发之间添加；低于5千克，可在二段蒸发后添加。通常情况下，增效载体有效成分在增值尿素中的含量一般不超过5‰，载体具有微量高效的特征。目前，国内中海化学、云天化、瑞星集团、晋煤集团、心连心公司等国内众多大型尿素企业具备了增值尿素的生产能力，产能达到2 500多万吨，每年产量500多万吨，形成了锌腐酸、禾谷素、聚氨锌、黑力旺、大嘿牛、碳豹、东平湖、天野、富岛、金沙江、同心美等增值尿素知名品牌。国外，印度的含印楝素尿素、澳大利亚的腐植酸大颗粒尿素也实现了产业化。

生产增值尿素的增效载体的黏性、流动性、配伍性、连续生产对装备的安全性等要符合生产要求。

5.2.2　增值磷铵及其生产工艺

增值磷铵是将安全环保的生物活性增效载体，添加到磷铵生产工艺中，与磷铵生产装置结合生产的高效磷铵产品。目前，已经实现产业化的增值磷铵产品主要包括腐植酸增值磷铵、海藻酸增值磷铵和氨基酸增值磷铵等。

磷酸铵（一铵、二铵）简称磷铵，生产分为传统法和料浆法两种工艺（GB/T 10205—2009）。传统法工艺是先将湿法磷酸进行脱水浓缩，形成浓磷酸，然后与氨在管式反应器中反应形成磷铵中和料浆，再进入造粒机涂布造粒。料浆法工艺是将湿法磷酸制备的稀磷酸首先与氨中和，形成含水量较高的中和磷铵料浆，然后对中和料浆进行脱水浓缩，再将料浆泵入造粒机中涂布造粒。磷铵生产工艺不同，增效载体添加的工段也有所差异。传统法工艺中，增效载体一般经计量后添加到磷酸管线中，载体与磷酸共同进入管式反应器生成中和料浆后直接喷入造粒机进行造粒。传统法锌腐酸增值磷铵的生产工艺如图5-5所示。

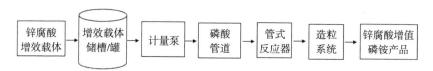

图5-5 传统法锌腐酸增值磷铵生产工艺流程

料浆法工艺中，增效载体一般经计量系统添加到中和料浆缓冲槽中，经搅拌器搅拌均匀，含有增效载体的磷铵料浆经料浆泵、喷嘴喷入造粒机进行涂布造粒。料浆法锌腐酸增值磷铵的生产工艺如图5-6所示。

图5-6 料浆法锌腐酸增值磷铵生产工艺流程

在增值磷铵生产过程中，无论是传统法还是料浆法，增效载体的添加工段可能有多个选择。例如，传统法中，增效载体也可以通过计量系统添加到洗涤液管线进入管式反应器；料浆法中，增效载体也可以通过计量系统添加到稀磷酸管线或洗涤液管线进入中和料浆。但是，增效载体添加工段的选择，既要考虑到添加的方便性，更要考虑载体添加后的反应压力、反应时间和反应温度等因素对载体活性的影响，最大限度地保持载体的活性，保障增值肥料对"肥料—作物—土壤"系统综合调控增效的效果。

通常情况下，增效载体有效成分在增值磷铵中的含量一般不超过1%，载体具有微量高效的特征。目前，中海化学、中化化肥、贵州磷化集团、云天化集团、六国化工、鲁北化工等国内十几家大型磷铵企业具备了增值磷铵的生产能力，每年产量近100万吨，形成了锌腐酸磷铵、美麟美、六国铵锌、锌硼酸磷铵、海藻酸磷铵、麟葆等增值磷铵知名品牌。在国外，澳大利亚腐植酸包膜磷铵也实现了产业化。

5.2.3　增值复合肥料及其生产工艺

增值复合肥料是将安全环保的生物活性增效载体，添加到复合肥生产工艺中，与复合肥生产装置结合生产的高效复合肥料产品。目前，已经实现产业化的增值复合肥料产品主要包括腐植酸增值复合肥料、海藻酸增值复合肥料和氨基酸增值复合肥料等。增值复合肥料生产主要有熔体法、料浆法、团粒法和氢钾法等。

5.2.3.1　熔体法

高塔熔体造粒工艺生产尿基复合肥料是将磷酸一铵、氯化钾及填料等与熔融尿素充分混合，生成流动性良好的NPK熔体料浆，通过高塔喷淋造粒生产复合肥料产品。高塔熔体造粒生产复合肥料工艺中，可将增效载体（液体/固体）通过计量系统添加到尿素熔融体中，然后再与磷、钾等原料混合形成共熔料浆喷淋造粒；或将增效载体（液体/固体）通过计量后与磷酸一铵等固体原料一起加入混合槽中与熔融尿素混合均匀后喷淋造粒。高塔熔体法海藻酸增值复合肥料生产工艺如图5-7所示。

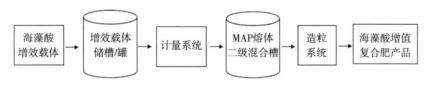

图5-7　高塔熔体造粒法生产海藻酸增值复合肥料工艺流程

高塔熔体造粒工艺生产尿基增值复合肥料没有烘干脱水流程，因此，含有水分的液体增效载体需要严格控制添加量。通常情况下，在每吨熔体混合料浆中的液体载体（含水量70%左右）添加量不超过5千克，否则会导致肥料含水量超标。通常，用于高塔熔体造粒工艺生产增值复合肥料的液体剂型增效载体，要求有较高的浓度，固形物含量达到50%以上，并且具有良好的流动性。另外，高塔熔体造粒工艺生产硝基复合肥料的工艺中，有机增效载体的使用要注意高温氧化及防爆安全，最好选用高浓度液体增效载体。

5.2.3.2　料浆法

　　料浆法生产复合肥料主要是将磷酸和氨通过管式反应器形成中和料浆喷入含有氮、磷、钾等原料的造粒机中，进行涂布造粒，生产氮磷钾复合肥产品。料浆法生产增值复合肥料过程中，通常将增效载体（液体剂型）通过计量系统添加到磷酸管线或洗涤液管线，与氨在管式反应器中形成含有增效载体的磷铵料浆，直接喷入造粒机涂布造粒，生产增值复合肥料产品。料浆法生产聚氨锌增值复合肥料的工艺如图5-8所示。

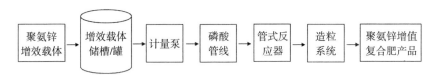

图5-8　料浆法生产聚氨锌增值复合肥料工艺流程

　　另外，料浆法生产增值复合肥料，液体/固体增效载体也可以通过计量系统与固体肥料原料混合一同直接加入造粒机。料浆法生产硝基增值复合肥料时，有机增效载体的使用要注意氧化失效、防爆安全，最好选用高浓度液体增效载体。

5.2.3.3　团粒法

　　团粒法生产复合肥料的原理是通过一定量的液相或蒸汽，使基础原料在滚筒内调湿后借助筒体的旋转运动，使物料粒子间产生挤压力团聚成球。团粒法生产增值复合肥料，通常将增效载体（液体/固体）经过计量系统加入到原料输送系统，与氮、磷、钾等原料一同进入造粒机造粒。液体剂型的增效载体也可以通过计量系统单独从造粒机的前端喷入造粒机内，与原料在造粒机内混合造粒。团粒法生产海藻酸增值复合肥料的工艺如图5-9所示。

　　团粒法利用液体剂型增效载体生产增值复合肥料时，增效载体的添加量不宜过大，例如，含水量超过70%的增效载体的添加量（按生产1吨成品合格肥料计）一般不宜超过20千克，否则，给烘干系统带来较大的压力而增加成本。生产硝基增值肥料时，有机增效载体的使用要注意防爆，推荐采用液体剂型增效剂；如果使用有机固体增效剂，要严格控制增效剂用量和造粒、干燥过程的温度，避免发生事故。

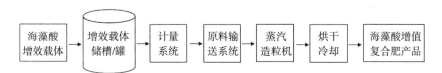

图5-9　团粒法生产海藻酸增值复合肥料工艺流程

5.2.3.4　氢钾法

氢钾法生产复合肥料是利用浓硫酸将氯化钾在低温（120～140℃）条件下转化为硫酸氢钾，与稀磷酸形成混酸，混酸与合成氨按比例在中和槽中进行中和反应生成复合肥料浆，料浆通过料浆泵泵入造粒干燥一体机，生产如配方12-18-15的复合肥料产品。氢钾法生产增值复合肥料，通常将增效载体（液体/固体）通过计量系统添加到中和料浆槽中，与复合肥料浆一同泵入造粒机。氢钾法锌腐酸增值复合肥料的工艺如图5-10所示。

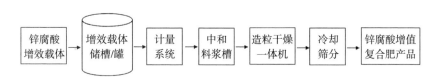

图5-10　氢钾法生产锌腐酸增值复合肥料工艺流程

氢钾法造粒干燥一体机的造粒烘干温度很高（进口温度500～650℃），因此，增效载体须具有高温耐受性，否则高温使载体变性失活，影响增值肥料的效果。

总之，增值复合肥料的生产工艺和载体的添加工段不同，对增效载体的剂型、性质、添加量等的要求不同。但无论何种工艺生产增值复合肥料，通常情况下，增效载体实行微量高效原则，载体有效成分在肥料中的含量一般不超过1%，这样既方便生产和利于降低成本，也有利于节约增效载体资源。有关增效载体的剂型问题，总体而言，液体剂型相较于固体，具有计量精准、混配性好、防氧化、安全性好、防起泡等优点。但是液体载体含水量高，当添加量较高时，会给系统脱水带来压力。目前，国内中海化学、中—阿公司、开门子公司、骏化集团、恩宝公司、山东农大肥业、深圳芭田公司等上百家大型复合肥企业具备了增值复合肥料的生产能力，年产量近1 000万吨，形成了中海化学聚氨锌、骏化锌腐酸、开门子海藻酸、农大腐植酸、芭田聚氨酸、恩宝海藻酸等增值复合肥料知名品牌。

参考文献

邓毛程，2014. 氨基酸发酵生产技术[M]. 北京：中国轻工业出版社.

冷一欣，2005. 聚天冬氨酸的合成与应用[D]. 南京：南京工业大学.

李志坚，2013. 增效剂对化学磷肥的增效作用与机理研究[D]. 北京：中国农业科学院.

李仲福，卞涛，2015. L-天冬氨酸的生产与应用进展[J]. 天津化工，291（1）：13-14.

秦益民，2008. 海藻酸[M]. 北京：中国轻工业出版社.

秦益民，2018. 功能性海藻肥[M]. 北京：中国轻工业出版社.

施庆珊，2004. 发酵生产均聚氨基酸研究进展[J]. 发酵科技通讯，33（4）：6-9.

石峰，2006. 微生物制备 γ-聚谷氨酸的研究[D]. 杭州：浙江大学.

汪家铭，2009. 聚天冬氨酸生产、应用与发展前景[J]. 化学工业，27（12）：39-43.

王军，邵丽琴，2008. γ-聚谷氨酸的合成、化学修饰及其应用进展[J]. 化学与生物工程，25（4）：17-20.

徐虹，欧阳平凯，2010. 生物高分子——微生物合成的原理与实践[M]. 北京：化学工业出版社.

袁亮，2014a. 增值尿素新产品增效机理和标准研究[D]. 北京：中国农业科学院.

袁亮，李燕婷，赵秉强，等，2015-6-17. 一种聚合氨基酸肥料助剂及其制备方法：中国，ZL 201410027295.1[P].

袁亮，赵秉强，林治安，等，2014b. 增值尿素对小麦产量、氮肥利用率及肥料氮在土壤剖面中分布的影响[J]. 植物营养与肥料学报，20（3）：620-628.

赵秉强，2013. 新型肥料[M]. 北京：科学出版社.

周丽平，2019. 过氧化氢氧化腐植酸的结构性及其对玉米根系的调控[D]. 北京：中国农业科学院.

第6章

增值肥料的标准、检测与应用效果

增值肥料标准化是规范行业和推动产业健康发展的重要保障。增值肥料标准化包括生产过程标准化和相关肥料产品标准化两个方面。目前，增值肥料和增效载体相关产品已经形成了8项国家化工行业标准，有关企业备案了500多项增值肥料相关企业标准，增值肥料相关产品标准体系正在逐步建成。

6.1 增效载体标准与检测

用于生产增值肥料的增效载体主要包括腐植酸类、海藻提取物类、氨基酸类等，它们都是环保安全（天然或植物源）的有机物质，含有丰富的活性官能团，具有生物活性，与肥料科学配伍后可通过"肥料营养功能—根系吸收功能—土壤环境功能"的系统改善，实现对"肥料—作物—土壤"系统的综合调控，大幅度提高肥料利用率。专门用于生产增值肥料的增效载体的质量标准要满足第5章5.1.1节增效载体的质量要求。

6.1.1 腐植酸增效载体标准与检测

中国农业科学院农业资源与农业区划研究所联合秦皇岛五弦维爱科技开发有限公司、青岛海力源生物科技有限公司等，于2012年12月1日分别在河北和青岛备案了企业标准《腐植酸增效液》（Q/WXWA 01—2012、Q/0285HLY 002—2012），这是我国最早备案的生产增值肥料专用的腐植酸增效载体企业标准。标准规定了腐植酸增效液的技术要求、试验方法、检验规则、包装、标识、运输和贮存，适用于从风化煤、褐煤等天然矿物中，经提取加工制成的腐植酸增效液，主要用作肥料增效，也可作肥料生产的原料。《腐植酸增效液》企业标准的技术指标规定：固形物含量≥12%，腐植酸含量（水浴重铬酸钾氧化法）≥8%，腐植酸沉淀率（0.2%H_2SO_4：样品=4∶1）≤65%，pH值8.5～10.0。之后，随着腐植酸增值尿素/磷铵/复合肥产业逐渐兴起，腐植酸增效载体研究不断深入、产业不断发展壮大，为适应产业需求，国家工业和信息化部于2018年立项批准了国家化工行业标准《肥料增效剂 腐植酸》（项目计划编号：2018—1867T—HG）的制定工作。该标准的研究和制定工作目前正在进行中，处于征求意见阶段，将于2021年发布实施。本标准规定了肥料增效剂腐植酸的术语和定义、要求、试验方法、检验规则、标识、包装、运输与贮存，适用于以褐煤、风化煤、泥炭等矿物源腐植酸为主要原料，经提取加工制成、用作肥料增效剂的腐植酸/腐植酸盐。从目前标准制定的进展看，《肥料增效剂 腐植酸》包括固体和液体两种剂型，质量标准包括腐植酸含量（液体/固体）、活性腐植酸指数（液体/固体）、黏度（液体）、水不溶物（液体）、水分含量（固体）、pH值（液体/固体）等指标。与以往企业标准相比，该标准提高了增效载体腐植酸的含量指标，增加了活性腐植酸指数指标，载体的生物活性更高，对"肥料—作物—土壤"系统的综合调控增效作用更强。另外，为强化载体的安全环保性，标准还根据《肥料中有毒有害物质的限量要求》（GB 38400—2019）规定腐植酸增效载体的生态指标。《肥料增效剂 腐植酸》将成为我国第一个颁布实施的腐植酸增效载体国家化工行业标准，为规范和推动我国腐植酸增效载体产业健康发展提供重要保障。

6.1.2 海藻酸增效载体标准与检测

中国农业科学院农业资源与农业区划研究所联合青岛海力源生物科

技有限公司、秦皇岛五弦维爱科技开发有限公司等，于2012年12月1日分别在青岛和河北备案了企业标准《海藻酸增效液》（Q/0285HLY 001—2012、Q/WXWA 02—2012），这也是我国最早备案的专门用于生产增值肥料的海藻酸增效载体企业标准。企业标准规定了海藻酸增效液的技术要求、试验方法、检验规则及标识、包装、运输、贮存，适用于从海带（*Laminaria*）、马尾藻（*Natans*）、巨藻（*Macrocystis*）、泡叶藻（*Ascophyllum*）等海藻类植物中，经提取加工制成的海藻酸增效液，该产品主要用作肥料增效，也可作为肥料生产的原料。《海藻酸增效液》企业标准的技术指标规定：固形物含量≥8%，海藻酸含量（硫酸咔唑比色法）≥2.5%，黏度（25℃，PSI）≤3.0，pH值8.5～10.0。之后，随着海藻酸增值尿素/磷铵/复合肥产业逐渐兴起和发展，海藻酸类增效载体研究不断深入，产业不断发展壮大，为适应产业需求，国家工业和信息化部于2018年立项批准了国家化工行业标准《肥料增效剂 海藻酸》（项目计划编号：2018—1868T—HG）的制定工作。该标准的研究和制定工作正在进行中，目前处于征求意见阶段，将于2021年发布实施。标准规定了肥料增效剂海藻酸的术语和定义、要求、试验方法、检验规则、标识、包装、运输与贮存，适用于以海藻为主要原料，经一定工艺提取加工制成，用作肥料增效剂的海藻酸。从目前标准制定的进展看，《肥料增效剂 海藻酸》包括固体和液体两种剂型，质量标准包括海藻酸含量（液体/固体）、水不溶物（液体/固体）、水分含量（固体）、黏度（液体）、pH值（液体/固体）等指标。标准中海藻酸含量的测定采用间羟基联苯比色法，并且规避海藻酸增效载体产品本身的颜色等对测定结果的影响，测定结果更加准确和稳定。另外，标准还根据《肥料中有毒有害物质的限量要求》（GB 38400—2019）规定海藻酸增效载体的生态指标。《肥料增效剂 海藻酸》也将成为我国第一个颁布实施的海藻酸增效载体国家化工行业标准，为规范和推动我国海藻酸增效载体产业健康发展提供重要保障。

6.1.3 氨基酸增效载体标准与检测

中国农业科学院农业资源与农业区划研究所联合秦皇岛五弦维爱科技开发有限公司、青岛海力源生物科技有限公司等，于2012年12月1日分别在河北和青岛备案了企业标准《谷氨酸增效液》（Q/WXWA 03—2012、Q/0285HLY 003—2012），这是我国最早备案的生产增值肥料专用的氨基酸增效载体企业标准。该标准规定了谷氨酸增效液的技术要求、试验方法、检验规则、包装、标识、运输和贮存，适用于利用谷氨酸/聚合谷氨酸为原料，经加工制成的谷氨酸增效液，该产品主要用作肥料增效，也可作为肥料生产的原料。《谷氨酸增效液》企业标准的技术指标规定：固形物含量≥15%，谷氨酸含量≥10%，pH值6.0～8.5。另外，国家化工行业标准《聚天冬氨酸（盐）》（HG/T 3822—2006）于2006年7月26日发布。该标准规定了天门冬氨酸（盐）的技术要求、试验方法、检验规则以及标识、标签和包装，适用于以L-天门冬氨酸或马来酸酐为原料制得的聚天冬氨酸（盐），该产品主要作为阻垢分散剂使用，也可作为洗涤助剂和吸水剂使用。标准规定：固体含量≥30.0%、浓度（20℃）≥1.15克/立方厘米、极限黏数（30℃）0.055～0.090分升/克、pH值8.5～10.5、生物降解率≥60%。尽管该标准规定的聚天冬氨酸（盐）不是专门用于生产增值肥料的，但不少企业也将其用于生产聚天冬增值尿素等产品。国家轻工业行业标准《γ-聚谷氨酸》（QB/T 5189—2017）于2017年11月7日发布。该标准规定了γ-聚谷氨酸的产品分类、要求、试验方法、检验规则以及标识、包装、运输和贮存，适用于以淀粉、淀粉糖或蔗糖为主要原料，经微生物发酵制得，作为化妆品原料或农业原料应用的γ-聚谷氨酸，产品形式为取代程度不同的γ-聚谷氨酸氢型和钠型同系物。标准理化指标规定：γ-聚谷氨酸含量≥92.0%（化妆品用）或20.0%（农业用）、pH值5.0～7.5（化妆品用）或4.0～8.5（农业用）、干燥失重≤8.0%（化妆品用或农业用）、分子质量不低于表示值的90%（化妆品用）、透光率≥95.0%（化妆品用）。尽管该标准规定的农业用γ-聚谷氨酸不是专门用于生产增值肥料的，但是不少企业也将其用于生产聚合谷氨酸增值尿素等产品。希望将来国家能尽快立项制定生产增值肥料专用的氨基酸类增效载体的行业标准，以规范和推动氨基酸类增效载体产业健康发展，为发展氨基酸类增值肥料提供产业支撑。

6.2　增值肥料标准与检测

增值肥料作为绿色高效肥料新产品进入市场，需要制定相应的产品标准，以规范市场和保障产品质量，推动增值肥料产业健康发展。

6.2.1　增值尿素标准与检测

当前已经实现产业化进入市场的增值尿素产品主要有腐植酸类增值尿素、海藻酸类增值尿素、氨基酸类增值尿素等。2011年11月1日和2013年9月29日，山东润银生物化工股份有限公司和中国农业科学院农业资源与农业区划研究所在国内率先制定和备案了《海藻液改性尿素》（Q/3700DRX 002—2011）、《含腐植酸尿素》（Q/370923DRY 004—2013）、《含谷氨酸尿素》（Q/370923DRY 003—2013）3个增值尿素企业标准。标准规定了增值尿素的要求、试验方法、检验检测、标识、使用说明书及包装、运输和贮存，适用于在尿素的生产工艺中，通过添加增效载体（海藻酸、腐植酸、谷氨酸），经蒸发、造粒而成的增值尿素产品。《海藻液改性尿素》企业标准的技术指标规定：海藻酸的质量分数≥0.03%、总氮（N）的质量分数≥46.0%、尿素残留差异率≥10%、氨挥发抑制率≥10%、缩二脲的质量分数≤1.5%、水分质量分数≤1.0%、亚甲基二脲（以HCHO计）的质量分数≤0.6%、粒度质量分数≥90%等；《含腐植酸尿素》企业标准的技术指标规定：腐植酸的质量分数≥0.12%、总氮（N）（以干基计）的质量分数≥46.0%、腐植酸沉淀率≤40%、氨挥发抑制率≥10%、缩二脲的质量分数≤1.5%、水分质量分数≤

1.0%、亚甲基二脲（以HCHO计）的质量分数≤0.6%、粒度质量分数≥90%等；《含谷氨酸尿素》企业标准的技术指标规定：谷氨酸的质量分数≥0.08%、总氮（N）（以干基计）的质量分数≥46.0%、氨挥发抑制率≥10%、缩二脲的质量分数≤1.5%、水分质量分数≤1.0%、亚甲基二脲（以HCHO计）的质量分数≤0.6%、粒度质量分数≥90%等。2013年4月18日，中国农业科学院农业资源与农业区划研究所联合秦皇岛五弦维爱科技开发有限公司制定备案了《锌腐酸尿素》《海藻酸尿素》和《禾谷素尿素》企业标准。在上述企业标准制定的基础上，中国农业科学院农业资源与农业区划研究所联合化肥增值产业技术创新联盟的数十家尿素企业先后制定和备案了上百项增值尿素企业标准，有力推动了增值尿素产业的发展。

随着增值尿素产业的快速发展，上海化工研究院和中国农业科学院农业资源与农业区划研究所联合有关企业制定了《含腐植酸尿素》（HG/T 5045—2016）和《含海藻酸尿素》（HG/T 5049—2016）国家化工行业标准，并于2016年10月22日发布，2017年4月1日正式实施。《含腐植酸尿素》（HG/T 5045—2016）规定了含腐植酸尿素的术语和定义、要求、试验方法、检测规则、标识以及包装、运输和贮存，适用于将以腐植酸为主要原料生产的腐植酸增效液添加到尿素生产工艺中，通过尿素造粒工艺技术制成的含腐植酸尿素。含腐植酸尿素产品的技术质量指标包括：总氮质量分数≥45.0%、腐植酸的质量分数≥0.12%、氨挥发抑制率≥5%、缩二脲的质量分数≤1.5%、亚甲基二脲（以HCHO计）≤0.6%、水分≤1.0%、粒度要求≥90%等。《含海藻酸尿素》（HG/T 5049—2016）规定了含海藻酸尿素的术语和定义、要求、试验方法、检测规则、标识以及包装、运输和贮存，适用于将以海藻为主要原料制备的海藻酸增效液添加到尿素生产工艺中，通过尿素造粒工艺技术制成的含海藻酸尿素。含海藻酸尿素产品的技术质量指标包括：总氮质量分数≥45.0%、海藻酸的质量分数≥0.03%、氨挥发抑制率≥5%、缩二脲的质量分数≤1.5%、亚甲基二脲（以HCHO计）≤0.6%、水分≤1.0%、粒度要求≥90%等。

6.2.2 增值磷铵标准与检测

当前已经实现产业化进入市场的增值磷铵产品主要有腐植酸类增值磷铵、海藻酸类增值磷铵、氨基酸类增值磷铵等。中国农业科学院农业资源与农业区划研究所联合秦皇岛五弦维爱科技开发有限公司于2013年4月12日制定和备案了企业标准《锌腐酸磷酸二铵》（Q/WXWA 06—2013）。标准规定了锌腐酸磷酸二铵的名词、产品分类、技术要求、试验方法、检验规则、包装、标识、运输和贮存，适用于在磷酸二铵生产工艺中，通过添加锌腐酸溶液生产的锌腐酸磷酸二铵。《锌腐酸磷酸二铵》（Q/WXWA 06—2013）标准将磷酸二铵生产分为料浆法和传统法两种工艺，产品技术质量指标除满足磷酸二铵国家标准（GB/T 10205—2009）外，要求添加锌腐酸（一种高活性腐植酸复合络合锌的增效载体，具有显著抑制氨挥发和防磷固定等功能）增效载体的质量分数≥0.12%。这是我国首个制定和备案的增值磷铵标准。在此基础上，湖北大峪口化工有限责任公司于2017年3月16日备案了企业标准《锌腐酸磷酸二铵》（Q/DYK 01—2017，代替Q/DYK 01—2015），标准适用于该公司以磷酸、液氨、锌腐酸为原材料生产的锌腐酸磷酸二铵。该标准规定锌腐酸磷酸二铵产品除了满足普通磷酸二铵的国家标准（GB/T 10205—2009）外，要求添加锌腐酸的质量分数≥0.12%。贵州开磷集团与中国农业科学院农业资源与农业区划研究所于2017年4月6日制定备案了企业标准《含腐植酸磷酸二铵》（Q/GZKL 001—2017），标准规定锌腐酸磷酸二铵产品除了满足普通磷酸二铵的国家标准（GB/T 10205—2009）外，要求添加腐植酸增效载体的质量分数≥0.2%。另外，贵州开磷集团与中国农业科学院农业资源与农业区划研究所于2017年4月10日制定备案了企业标准《含海藻酸磷酸二铵》（Q/GZKL 002—2017），标准规定了含海藻酸磷酸二铵的要求、试验方法、检验规则、包装、标识、运输和贮存，适用于在磷酸二铵的生产工艺中，通过添加海藻酸增效剂生产的含海藻酸磷酸二铵。该标准规定含海藻酸磷酸二铵产品除了满足普通磷酸二铵的国家标准（GB/T 10205—2009）外，要求添加海藻酸增效载体的质量分数≥500毫克/千克。这是我国首个制定和备案的海藻酸增值磷铵企业标准。当前，制定备案的增值磷铵相关企业标准达到20多项。

随着增值磷铵产业的快速发展，上海化工研究院和中国农业科学院农业资源与农业区划研究所联合有关企业制定了《含腐植酸磷酸一铵、磷酸二铵》（HG/T 5514—2019）和《含海藻酸磷酸一铵、磷酸二铵》（HG/T 5515—2019）国家化工行业标准，于2019年8月2日发布，2020年1月1日正式实施。《含腐植酸磷酸一铵、磷酸二铵》（HG/T 5514—2019）规定了含腐植酸磷酸一铵、磷酸二铵的术语和定义、要求、试验方法、检验规则、标识、包装、运输和贮存，适用于将以腐植酸为主要原料制备的腐植酸增效载体添加到磷酸一铵、磷酸二铵生产过程中制成的含腐植酸磷酸一铵、磷酸二铵产品。含腐植酸磷酸一铵、磷酸二铵的技术指标：总养分（$N+P_2O_5$）的质量分数≥52%（一铵）或53%（二铵）（同时还应符合GB/T 10205）、总氮（N）的质量分数≥9.0%（一铵）或13.0%（二铵）（同时还应符合GB/T 10205）、有效磷（P_2O_5）的质量分数≥41.0%（一铵）或38.0%（二铵）（同时还应符合GB/T 10205）、水溶性磷占有效磷的百分率≥75%（同时还应符合GB/T 10205）、腐植酸的质量分数≥0.3%、水溶性磷固定差异率≥25%、水分（H_2O）的质量分数≤3.0%（以生产企业出厂检验数据为准）、粒度（1.00～4.00毫米）≥80%（粉状产品无粒度要求）。《含海藻酸磷酸一铵、磷酸二铵》（HG/T 5515—2019）规定了含海藻酸磷酸一铵、磷酸二铵的术语和定义、要求、试验方法、检验规则、标识、包装、运输和贮存，适用于将以海藻为主要原料经提取后制备的海藻液或海藻粉添加到磷酸一铵、磷酸二铵生产过程中制成的含海藻酸磷酸一铵、磷酸二铵。含海藻酸磷酸一铵、磷酸二铵的技术质量指标：总养分（$N+P_2O_5$）的质量分数≥52%（一铵）或53%（二铵）（同时还应符合GB/T 10205）、总氮（N）的质量分数≥9.0%（一铵）或13.0%（二铵）（同时还应符合GB/T 10205）、有效磷（P_2O_5）的质量分数≥41.0%（一铵）或38.0%（二铵）（同时还应符合GB/T 10205）、水溶性磷占有效磷的百分率≥75%（同时还应符合GB/T 10205）、海藻酸的质量分数≥0.03%、水溶性磷固定差异率≥25%、水分（H_2O）的质量分数≤3.0%（以生产企业出厂检验数据为准）、粒度（1.00～4.00毫米）≥80%（粉状产品无粒度要求）。

6.2.3 增值复合肥料标准与检测

当前已经实现产业化进入市场的增值复合肥料产品主要有腐植酸类增值复合肥料、海藻酸类增值复合肥料、氨基酸类增值复合肥料等。山东恩宝生物科技有限公司于2012年12月29日制定备案了企业标准《含海藻酸复合肥料》（Q/0285SNB 001—2012），这是我国较早备案的海藻增值复合肥料企业标准。标准规定了含海藻酸复合肥料的要求、试验方法、检验规则、包装、标识、运输和贮存，适用于以液氨、硫酸、尿素、磷酸一铵或磷酸二铵、氯化钾或硫酸钾经氨酸反应，中和后加入海藻液，经转鼓造粒制成的含海藻酸复合肥料。该标准规定含海藻酸复合肥料产品除了满足复合肥料的国家标准（GB/T 15063—2009）外，要求添加海藻酸增效载体的质量分数≥0.05%。中国农业科学院农业资源与农业区划研究所联合中农舜天生态肥业有限公司于2013年10月28日制定备案了《含腐植酸复混肥料》（Q/371321ZSF 004—2013）、《含海藻酸复混肥料》（Q/371321ZSF 005—2013）、《含谷氨酸复混肥料》（Q/371321ZSF 006—2013）等系列增值复合肥料企业标准；2014年6月15日河南骏化化肥有限公司和中国农业科学院农业资源与农业区划研究所制定备案了企业标准《锌腐酸复合肥料》（Q/HNJH 001—2014）。上述系列企业标准规定增值复合肥料产品除了满足复合肥料标准（GB/T 15063—2009）外，还要求了增效载体的质量分数，例如，海藻酸增效载体≥0.03%，腐植酸增效载体≥0.12%，谷氨酸增效载体≥0.08%，同时还增加了腐植酸沉淀率、水溶性磷固定率、氨挥发抑制率等功能性指标。随着增值复合肥料产业的发展，国内复合肥料企业先后制定备案了数百项增值复合肥料企业标准，腐植酸类、海藻酸类、氨基酸类增效载体的含量大致在0.02%～4%，增效载体发挥了微量高效的作用，并增加了肥料产品在防磷固定和抑制氨挥发等方面的功能性指标。

为规范产品质量和推动增值复合肥料产业健康发展，上海化工研究院、中国农业科学院农业资源与农业区划研究所、山东农大肥业科技有限公司、山东恩宝生物科技有限公司等单位制定了国家化工行业标准《海藻酸类肥料》（HG/T 5050—2016）和《腐植酸复合肥料》（HG/T 5046—2016），于2016年10月22日发布，2017年4月1日正式实施。这些行业标准规定增值复合肥料产品除了满足复合肥料标准（GB/T 15063—2009）外，还要求了增效载体的质量分数，例如，海藻酸增效载体≥0.02%，腐植酸增效载体≥1.0%，同时还增加了活化腐植酸含量及氨挥发抑制率等指标。

上述增值尿素、增值磷铵、增值复合肥料国家化工行业标准是我国乃至世界上首次制定发布的国家层面的增值肥料产品标准，标志着增值肥料新产业的形成，也为推动增值肥料产业健康发展提供了有力保障。在增值肥料标准化体系建设中，除了从国家层面制定了8项有关增值肥料产品的行业标准外，制定备案的相关企业标准上千项，推动和保障了增值肥料产业的健康发展。我国增值肥料在过去的10年间发展形成了绿色高效肥料新产业，随着增值肥料产业的不断发展壮大和产品标准体系的不断完善，有关增值肥料生产过程标准化研究和建设也将逐步得到加强。

6.3 增值肥料的应用效果

6.3.1 增值尿素

6.3.1.1 增产效果

由表6-1看出，潮土田间土柱栽培等氮投入下，与普通尿素（U）相比，腐植酸增值尿素（HAU）、海藻酸增值尿素（AU）和氨基酸增值尿素（GU）在冬小麦和夏玉米上均表现出明显的增产效果，其中，冬小麦增产幅度为3.7%～13.6%，夏玉米增产幅度为6.2%～22.2%，腐植酸和海藻酸增值尿素的增产效果高于氨基酸增值尿素。

表6-1　增值尿素对冬小麦、夏玉米产量的影响

（袁亮，2014）

处理	冬小麦		夏玉米	
	籽粒产量（克/盆）	比U增产（%）	籽粒产量（克/盆）	比U增产（%）
U	69.52d	—	90.81c	—
AU	74.47b	7.1	111.01a	22.2
HAU	79.00a	13.6	108.92a	19.9
GU	72.06c	3.7	96.40b	6.2

注：潮土田间上柱栽培试验。海藻酸增效液、腐植酸增效液和谷氨酸增效液分别按添加量2‰、5‰、5‰（固形物）加入熔融尿素中，制成海藻酸尿素（AU）、腐植酸尿素（HAU）、氨基酸尿素（GU），普通尿素（U）也经过相同的熔融过程。具体试验处理详见袁亮（2014）。同列中字母表示5%水平差异显著性。

张水勤（2018）利用不同结构腐植酸（5‰添加量）与尿素熔融制成系列增值尿素产品（HAU1、HAU2、HAU3），研究其对冬小麦、夏玉米产量的影响。结果表明（表6-2），与普通尿素比较，不同结构腐植酸增值尿素在夏玉米上表现出一致的增产效果（幅度10.4%～18.7%），以HAU2（pH值6～7级分）效果最好；在冬小麦上，腐植酸增值尿素HAU3（pH值9～10级分）的增产效果（增9.5%）较好，其次是HAU2（pH值6～7级分）（增5.7%），HAU1（pH值3～4级分）较差，没有表现出增产效果。由上结果看出，腐植酸的结构性影响增值尿素的增产效果。

表6-2　腐植酸增值尿素冬小麦、夏玉米产量的影响

（张水勤，2018）

处理	冬小麦		夏玉米	
	籽粒产量（克/盆）	比U增产（%）	籽粒产量（克/盆）	比U增产（%）
U	57.75bc	—	178.63c	—
HAU1	55.59c	-3.7	200.78ab	12.4

（续表）

处理	冬小麦		夏玉米	
	籽粒产量（克/盆）	比U增产（%）	籽粒产量（克/盆）	比U增产（%）
HAU2	61.04ab	5.7	211.98a	18.7
HAU3	63.24a	9.5	197.12bc	10.4

注：潮土田间土柱栽培试验。由pH值分级所获得的不同腐植酸级分样品HA$_{3~4}$、HA$_{6~7}$和HA$_{9~10}$，按5‰的比例分别添加至熔融的尿素中，制得相应的不同结构腐植酸尿素熔融试验产品HAU1、HAU2和HAU3，以熔融但不添加腐植酸制备的普通尿素U为参照肥料。具体试验处理详见张水勤（2018）。同列中字母表示5%水平差异显著性。

表6-3为腐植酸不同添加量的系列增值尿素在冬小麦、夏玉米上的增产效果。由表6-3看出，与普通尿素相比，等氮投入下，系列增值尿素在冬小麦和夏玉米上的增产幅度分别为9.7%～16.8%和6.3%～17.3%，随腐植酸含量的增加增产幅度有提高的趋势。由上结果亦看出，腐植酸1%微量添加（HAU1）的增值尿素就有明显的增产效果，如果针对尿素的特点，通过对腐植酸进行结构优化，开发尿素专用的高效腐植酸增效载体，可以实现微量添加（不超过5‰）就能显著提高尿素氮肥的利用率（第4章表4-19），既节省宝贵的腐植酸资源，又容易与尿素大型生产装置结合一体化生产，利于实现增值尿素大产能、低成本生产。

表6-3 腐植酸增值尿素对冬小麦、夏玉米产量的影响

（李军，2017）

处理	冬小麦		夏玉米	
	籽粒产量（克/盆）	比U增产（%）	籽粒产量（克/盆）	比U增产（%）
U	64.26c	—	180.61d	—
HAU1	70.50b	9.7	192.02cd	6.3
HAU2	72.61ab	13.0	198.08bc	9.7
HAU3	74.85a	16.5	206.39ab	14.3
HAU4	75.03a	16.8	211.90a	17.3

注：潮土田间土柱栽培试验。U为普通尿素，HAU1、HAU2、HAU3、HAU4分别为含腐植酸1%、5%、10%、20%的腐植酸尿素。具体试验处理详见李军（2017）。同列中字母表示5%水平差异显著性。

大量田间试验研究都证明，腐植酸增值尿素在小麦（孙克刚等，2016；赵康和王海华，2016；刘红恩等，2018；张兰生等，2018）、玉米（李兆君等，2004；周勇等，2014；陈晋南等，2016；赵众，2016；冯国良和冯国惠，2017；冉斌等，2018；岳克等，2018）、水稻（文辉等，2015；张运红等，2016）、棉花（翟勇等，2016；赵众，2016；李源等，2019）、大豆（张运红等，2018）、马铃薯（赵欣楠等，2017）、加工番茄（哈丽哈什·依巴提等，2019）、哈密瓜（李亚莉等，2018）等作物上具有广泛的增产效果，等氮量投入下，增产幅度多在5%~10%。

2011—2013年，中国农业科学院农业资源与农业区划研究所建立了增值尿素全国试验网，在不同类型土壤、气候、作物上对增值尿素的增产效果进行了广泛的田间试验验证。试验用增值尿素产品包括海藻酸尿素、腐植酸尿素、氨基酸尿素，以普通尿素作对照，田间试验设0、低、中、高4个施氮水平，重复3次或以上，覆盖吉林、新疆、陕西、山东、河南、浙江、湖北、江西、广东、重庆等地的春玉米、棉花、冬小麦、夏玉米、水稻等主要大田作物。网络试验结果表明，与普通尿素相比，增值尿素可使作物平均增产7.0%，氮肥表观利用率平均提高7.6个百分点。增值尿素均可显著提高新疆的棉花产量，增加幅度均在10%以上，以腐植酸尿素效果最明显。海藻酸尿素在山东小麦上的增产幅度为9.5%，谷氨酸尿素在陕西小麦上增产效果明显，幅度为8.6%；腐植酸尿素适用于在山东、河南和吉林玉米，平均增产幅度为6.7%，谷氨酸尿素和海藻酸尿素在陕西玉米上的增产效果较好；在吉林水稻和重庆水稻上，海藻酸尿素分别平均增产9.9%和11.7%，腐植酸尿素和谷氨酸尿素在广东水稻上分别平均增产9.7%和7.8%，谷氨酸尿素在江西水稻的增产幅度达到8.8%，并显著提高氮肥表观利用率和农学效率。

6.3.1.2　增效减肥潜力

增值尿素具有利用率高、残留率高、损失率低的特点，增产增效和环保效果优于普通尿素。由表6-4结果看出，腐植酸尿素在冬小麦上的减氮潜力可超过20%，减氮20%的情况下，冬小麦仍可增产9.9%；腐植酸尿素在夏玉米上的减氮潜力可达20%，减氮20%的情况下，夏玉米不减产。因此，增值尿素在小麦、玉米等大田作物上，减氮10%～20%应当是可行的，对保障作物高产、减少化肥用量、提高肥料效益发挥重要作用。

表6-4　腐植酸增值尿素在冬小麦、夏玉米上的减肥潜力

（李军，2017）

处理	减N（%）	冬小麦		夏玉米	
		籽粒产量（克/盆）	比U增产（%）	籽粒产量（克/盆）	比U增产（%）
U	0	64.26c	—	153.18b	—
F-HAU1	1	71.97ab	12.0	180.61b	3.4
F-HAU2	5	73.10ab	13.8	187.07ab	7.0
F-HAU3	10	73.24ab	14.0	193.31a	7.2
F-HAU4	20	70.61b	9.9	193.60a	-0.3

注：潮土田间土柱栽培试验。U为普通尿素，F-HAU1、F-HAU2、F-HAU3、F-HAU4分别为含腐植酸1%、5%、10%、20%的腐植酸尿素，与U等重量施肥下，F-HAU1、F-HAU2、F-HAU3、F-HAU4分别比U处理分别减N1%、5%、10%、20%。具体试验处理详见李军（2017）。同列中字母表示5%水平差异显著性。

当前，我国的增值尿素年产量超过500万吨（实物量），在生产实践中，农民选择增值尿素后，通常比普通尿素减少用量20%，仍能保持高产稳产。因此，仅增值尿素技术一项，我国每年减少氮肥（纯氮）用量50万吨，节约资源、保护环境。如果按等氮投入作物增产按5%计，每年推广500万吨增值尿素，应用面积1.5亿亩，作物增产30亿千克，农民增加收入50多亿元。

6.3.1.3　施用技术

增值尿素的施用方法和技术基本同普通尿素，但因增值尿素比普通尿素具有高效性，与普通尿素等量施用下可获得5%～10%的作物增产；如果比普通尿素减量10%～20%施用时，增值尿素能保持甚至超过普通尿素的作物产量水平。

6.3.2 增值磷肥

6.3.2.1 增产效果

由表6-5看出，潮土田间土柱栽培等磷投入下，与不添加增效载体的磷肥（P）比较，腐植酸增值磷肥、海藻酸增值磷肥、氨基酸增值磷肥在冬小麦上具有明显的增产效果，尤其以腐植酸和海藻酸增值磷肥的增产效果更为明显。

表6-5 不同增值磷肥产品对冬小麦产量的影响

（李志坚等，2013）

处理	低磷水平		高磷水平	
	籽粒产量（克/盆）	比P增产（%）	籽粒产量（克/盆）	比P增产（%）
P	43.8fg	—	43.3d	—
H1-P	48.4ef	10.5	51.2bc	18.2
H2-P	57.6bc	31.5	55.1ab	27.3
H3-P	60.1b	37.2	58.3ab	34.6
A1-P	50.7de	15.8	52.2b	20.6
A2-P	59.9b	36.8	57.1ab	31.9
A3-P	65.0a	48.4	60.3a	39.3
G1-P	47.9ef	9.4	36.9d	-14.9
G2-P	54.7cd	24.9	43.9cd	1.4
G3-P	41.7g	-4.8	44.4cd	2.5

注：土柱栽培试验，供试土壤为潮土。P为普通磷酸一铵，H1-P、H2-P、H3-P为分别按2‰、5‰、10‰腐植酸增效液添加量（固形物）制备的腐植酸磷酸一铵，A1-P、A2-P、A3-P为分别按0.5‰、2‰、5‰海藻发酵液添加量（固形物）制备的海藻酸一铵，G1-P、G2-P、G3-P为分别按2‰、5‰、10‰谷氨酸增效液添加量（固形物）制备的谷氨酸磷酸一铵。同列中字母表示5%水平差异显著性。

由表6-6看出，潮土田间土柱栽培等磷投入下，腐植酸和磷肥结合制成的增值磷肥，比普通磷肥具有明显的增产效果，增产幅度为6.0%～21.4%，其中，中分子量（PHA_M）和小分子量（PHA_L）腐植酸磷肥的增产效果好于大分子量（PHA_H）。

表6-6 不同分子量腐植酸磷肥对冬小麦产量的影响

（李伟，2018，未发表资料）

处理	有效穗数（个/盆）	穗粒数（粒/穗）	千粒重（克）	籽粒产量（克/盆）	比P增产（%）
P	41.75a	35.29a	44.95b	66.23b	—
PHA$_H$	42.50a	36.37a	45.42ab	70.22b	6.0
PHA$_M$	42.75a	40.27a	45.71ab	78.71a	18.8
PHA$_L$	45.00a	38.36a	46.57a	80.38a	21.4

注：潮土田间土柱栽培试验。P为普通磷肥，PHA$_H$、PHA$_M$、PHA$_L$分别为添加大分子、中分子、小分子腐植酸磷肥，腐植酸添加量均为5‰。同列中字母表示5%水平差异显著性。

由表6-7看出，潮土田间土柱栽培等磷量投入下，腐植酸和磷肥结合制成的增值磷肥，比普通磷肥具有明显的增产效果，增产幅度为6.3% ~ 17.8%，其中，磺化或氧化处理的腐植酸与磷肥结合（HA1P、HA2P、HA3P、HA4P）的增产效果好于未处理腐植酸（HAP）。

表6-7 磺化/氧化腐植酸磷肥对冬小麦产量的影响

（马明坤等，2019）

处理	穗数（个/盆）	穗粒数（粒/穗）	千粒重（克）	籽粒产量（克/盆）	比P增产（%）
P	44.40a	33.15a	43.44b	65.60c	—
HAP	45.20a	32.62a	45.67ab	69.72bc	6.3
HA1P	47.80a	33.69a	45.46ab	77.30a	17.8
HA2P	45.60a	33.56a	46.01a	72.20ab	10.1
HA3P	45.00a	35.75a	44.7ab	77.07a	17.5
HA4P	43.00a	34.18a	46.21a	72.58ab	10.6

注：潮土田间土柱栽培试验。P、HAP、HA1P、HA2P、HA3P、HA4P分别代表普通磷肥、腐植酸磷肥、磺甲基化腐植酸磷肥、双氧水+磺甲基化腐植酸磷肥、硝酸+磺甲基化腐植酸磷肥、双氧水+硝酸+磺甲基化腐植酸磷肥，腐植酸添加量均为5‰。同列中字母表示5%水平差异显著性。

由表6-8结果看出，潮土田间土柱栽培等磷量投入下，不同腐植酸添加量的增值磷肥在冬小麦、夏玉米上的增产幅度分别为9.6% ~ 15.8%和4.5% ~ 13.5%，随腐植酸添加量的增加，增产效果有提高的趋势。由此结果亦看出，腐植酸1%微量添加（P-HAP1）的增值磷肥就有明显的增产效果，如果针对磷肥的特点，通过对腐植酸进行结构优化，开发磷肥专用的高效腐植酸增效载体，可以实现微量添加（不超过5‰）就能显著提高磷肥的利用率（如表6-5与表6-6结果），既节省宝贵的腐植酸资源，又容易与磷肥大型生产装置结合一体化生产，利于实现增值磷肥大产能、低成本生产。

表6-8　腐植酸增值磷铵对冬小麦、夏玉米产量的影响

（李军，2017）

处理	冬小麦		夏玉米	
	籽粒产量（克/盆）	比P增产（%）	籽粒产量（克/盆）	比P增产（%）
P	49.57d	—	204.90e	—
P-HAP1	54.33bc	9.6	214.20cd	4.5
P-HAP2	55.93abc	12.8	222.78bc	8.7
P-HAP3	57.39a	15.8	225.63ab	10.1
P-HAP4	56.53ab	14.0	232.65a	13.5

注：潮土田间土柱栽培试验。P为普通磷酸一铵，P-HAP1、P-HAP2、P-HAP3、P-HAP4分别为含腐植酸1%、5%、10%、20%的腐植酸磷酸一铵。具体试验处理详见李军（2017）。同列中字母表示5%水平差异显著性。

2018—2019年，中国农业科学院农业资源与农业区划研究所与贵州磷化集团合作，在山东、河北、河南、安徽、陕西不同类型土壤、气候条件下的冬小麦、夏玉米上对海藻酸增值磷铵的增产效果进行了田间试验验证。结果表明，在常规施磷量条件下，等磷量投入，海藻酸磷酸二铵冬小麦、夏玉米平均产量比普通磷酸二铵增产4.1%，磷肥利用率提高5.1个百分点。赵众（2016）在东北春玉米上研究结果表明，等磷量投入下，锌腐酸增值磷酸二铵比普通磷酸二铵增产3.98%。

6.3.2.2　增效减肥潜力

增值磷肥具有防磷固定、增磷移动、促根吸收的特点，比普通磷肥的肥效好、利用率高。由表6-9结果看出，增值磷铵在冬小麦、夏玉米上的减磷潜力均可达到20%，但减磷超过20%可能会导致减产。因此，增值磷铵在小麦、玉米等大田作物上，减磷10%～20%是可行的，对保障作物

高产、减少化肥用量、提高肥效效益发挥重要作用。

表6-9　腐植酸增值磷铵在冬小麦、夏玉米上的减肥潜力

（李军，2017）

处理	减P（%）	冬小麦		夏玉米	
		籽粒产量（克/盆）	比P增产（%）	籽粒产量（克/盆）	比P增产（%）
P	0	49.57e	—	204.90c	—
F-HAP1	1	54.97d	10.9	216.92a	5.9
F-HAP2	5	53.39abc	7.7	214.55ab	4.7
F-HAP3	10	51.59bcd	4.1	207.05bc	1.0
F-HAP4	20	50.69de	2.3	200.09c	-2.3

注：潮土田间土柱栽培试验。P为普通磷酸一铵，F-HAP1、F-HAP2、F-HAP3、F-HAP4分别为含腐植酸1%、5%、10%、20%的腐植酸磷肥，与P等重量施肥下，F-HAP1、F-HAP2、F-HAP3、F-HAP4分别比P处理分别减磷1%、5%、10%、20%。具体试验处理详见李军（2017）。同列中字母表示5%水平差异显著性。

2018—2019年，中国农业科学院农业资源与农业区划研究所与贵州磷化集团合作，在山东、河北、河南、安徽、陕西等不同类型土壤、气候条件下的冬小麦、夏玉米上进行了海藻酸增值磷铵减肥效果试验研究，结果表明，海藻酸增值磷酸二铵在比普通二铵减量20%的情况下，作物产量与普通二铵相近，二者没有显著差异。因此，增值磷铵具有减肥不减产、节约资源的作用。

大量田间试验证明，用P_2O_5含量60%（美麟美增值磷铵）、57%（海藻酸增值磷铵）甚至53%（美麟美增值磷铵）的增值磷铵替代64%含量的普通磷铵施用，减磷5%～20%情况下，仍有一定的增产效果。另外，在生产实践中，农民选择增值磷铵后大都比普通磷铵减少用量20%，作物仍能保持高产稳产。我国目前增值磷铵的年产量达到100万吨（实物量），因此，仅增值磷铵技术一项，每年即可减少磷铵用量（实物量）20万吨，相当于少用P_2O_5约9万吨，节约宝贵的磷肥资源、保护环境。如果按等磷量投入作物增产按4%计，每年推广100万吨增值磷铵，应用面积0.5亿亩，作物增产10亿千克，农民增加收入20多亿元。

6.3.2.3 施用技术

增值磷铵的施用方法和技术基本同普通磷铵，但因增值磷铵比普通磷铵具有高效性，与普通磷铵等量施用下可获得5%～10%的作物增产。如果将P_2O_5含量53%、57%或60%的增值磷铵替代含量64%的普通磷铵施用，仍能保证作物有一定的增产幅度；如果增值磷铵比相同磷含量的普通磷铵减量10%～20%施用时，增值磷铵能保持甚至超过普通磷铵的作物产量水平。

6.3.3 增值复合肥料

6.3.3.1 增产效果

杜伟等（2012a；2012b；2015）曾经对有机物料与化学肥料复合优化化肥高效利用的效应和机理进行过系统研究。结果表明，有机物料分别与氮、与磷、与钾肥复合后，对氮、磷、钾化肥的养分利用具有显著的改善和促进作用，显著提高玉米的产量。具有生物活性的腐植酸类、海藻酸类、氨基酸类等有机增效载体与复合肥料配伍后，通过对"肥料—作物—土壤"系统综合调控，可显著改善肥效和提高作物产量。

关于增值复合肥料在大田作物上的增产效果，中国农业科学院农业资源与农业区划研究所在我国不同类型土壤、气候和作物上曾经进行过3次网络化试验验证。

2012—2013年，中国农业科学院农业资源与农业区划研究所在山东、陕西、河南、黑龙江、江西、浙江、广东和重庆等不同类型土壤、气候条件下，系统研究了腐植酸增值复合肥料、海藻酸增值复合肥料、氨基酸增值复合肥料在玉米、水稻、棉花上的应用效果。结果表明，等养分量投入下，增值复合肥料与普通复合肥料相比，玉米、水稻增产2.0%～8.0%，棉花增产2.0%～6.0%，作物平均增产4.0%；肥料利用率平均提高4.8个百分点。

2014—2016年，中国农业科学院农业资源与农业区划研究所在山东、陕西、河南、黑龙江、江西、广东和重庆等不同类型土壤、气候条件下的玉米、水稻上进行了腐植酸增值复合肥的田间增产效果试验和农户生产试验研究。结果表明，等养分量投入下，与普通复合肥料相比，腐植酸增值复合肥料施用使玉米增产6.10%，水稻增产3.26%，作物平均增产5.1%，肥料利用率平均提高5.1个百分点。

2017—2018年，中国农业科学院农业资源与农业区划研究所联合山东农业大学、山东农大肥业、吉林农业大学、安徽农业大学、广东省农科院、河南农业大学等单位，对"十三五"国家重点研发专项项目（2016YFD0200400）研制的系列腐植酸类、海藻酸类、氨基酸类增值复合肥料新产品在小麦、玉米、水稻三大粮食作物上的增产效果开展了系统的田间验证试验研究。试验结果表明，常量施肥等养分投入下，增值复合肥料比普通复合肥料小麦、玉米、水稻平均分别增产8.24%、7.69%、4.35%，三大粮食作物平均增产6.13%（其中，腐植酸类、海藻酸类和氨基酸类增值复合肥料三大作物平均分别增产5.90%、9.12%和6.18%）。

另外，国内大量研究也表明，增值复合肥料在小麦（刘士勇，2005；梁太波等，2009；郭艳和郭中义，2015；陈宝等，2019；窦乐等，2019；李文平等，2019；刘盛林等，2019；李金鑫等，2020）、玉米（刘士勇，2005；刘森森和王曰鑫，2018）、水稻（刘士勇，2005；黄继川等，2019；蒋东等，2020）、马铃薯（王薇等，2016）、甘薯（范建芝等，2019）、番茄（周传余等，2011）、葡萄（杜会英等，2004；曹洪宇等，2019；李燕楠等，2019）等作物具有明显的增产效果，增产幅度多为3%~10%。

6.3.3.2 增效减肥潜力

2017—2018年，中国农业科学院农业资源与农业区划研究所联合山东农业大学、山东农大肥业、吉林农业大学、安徽农业大学、广东省农业科学院、河南农业大学等单位，对"十三五"国家重点研发专项项目

（2016YFD0200400）研制的系列腐植酸类、海藻酸类、氨基酸类增值复合肥料新产品在小麦、玉米、水稻三大作物上的增效减肥效果开展了系统的田间验证试验研究。试验结果表明，腐植酸类、海藻酸类、氨基酸类增值复合肥料在施肥减量20%的情况下，比常规用量普通复合肥料（不减量）三大作物平均增产2.49%，而普通复合肥料减施20%则平均减产4.98%。

当前，我国各类增值复合肥料产量达到1 000万吨（实物量）。生产实践中，农民选择增值复合肥料后，通常比普通复合肥料减少用量10%~20%，仍能保持高产稳产。因此，仅在增值复合肥料技术一项，我国每年减少氮（N）、磷（P_2O_5）、钾（K_2O）用量约60万吨，节约资源、保护环境。如果等养分投入作物增产按5%计，每年推广1 000万吨增值复合肥料，应用面积2亿亩，作物增产40亿千克，农民增加收入80多亿元。

6.3.3.3　施用技术

增值复合肥料的施用方法和技术基本同普通复合肥料，但因增值复合肥料比普通复合肥料具有高效性，因此，增值复合肥料与普通复合肥料等量施用，增值复合肥料可增产5%~10%；如果增值复合肥料比普通复合肥料减肥10%~20%，仍能保持作物高产。

综上所述，增值肥料通过养分增效和供肥性能的改善，使田间条件下作物增产5%~10%，减肥潜力10%~20%，肥料利用率提高5~10个百分点，一项单项新肥料产品措施的应用如果能实实在在增产5%，相当于一个作物新品种的增产潜力，实属不易。综上结果亦看出，控制条件较好的田间土柱栽培条件下，增值肥料的增产效果一般都在10%以上，高者甚至超过20%。但大田条件影响因素复杂、缓冲力强、条件可控性差，增值肥料的增产效果多在5%~10%，显著低于土柱栽培试验条件下的增产效果（10%~20%）。

参考文献

曹洪宇，纪小辉，张昀，等，2019. 不同含量腐植酸复合肥对葡萄产量和品质的影响[J]. 土壤通报，50（3）：670-674.

陈宝，周华敏，梁海，等，2019. 黄腐酸复合肥对盐碱地小麦生长、产量、效益及土壤理化性质的影响[J]. 腐植酸（3）：19-24.

陈晋南，张亚平，杨庆锋，等，2016. 施用不同新型增效尿素对玉米主要性状及产量的影响[J]. 现代化农业（6）：11-12.

窦乐，许诺，韩宗友，等，2019. 含腐植酸复合肥与同等养分配方肥在小麦应用上的肥效对比试验[J]. 安徽农学通报，25（23）：106-107.

杜会英，薛世川，孙志梅，等，2004. 腐植酸复合肥对葡萄品质及产量的影响[J]. 河北农业大学学报，27（4）：63-66.

杜伟，赵秉强，林治安，等，2012. 有机无机复混肥优化化肥养分利用的效应与机理研究Ⅰ. 有机物料与尿素复混对玉米产量及肥料养分吸收利用的影响[J]. 植物营养与肥料学报，18（3）：579-586.

杜伟，赵秉强，林治安，等，2012. 有机无机复混肥优化化肥养分利用的效应与机理研究Ⅱ. 有机物料与磷肥复混对玉米产量及肥料养分吸收利用的影响[J]. 植物营养与肥料学报，18（4）：825-831.

杜伟，赵秉强，林治安，等，2015. 有机无机复混肥优化化肥养分利用的效应与机理研究Ⅲ. 有机物料与钾肥复混对玉米产量及肥料养分吸收利用的影响[J]. 植物营养与肥料学报，21（1）：58-63.

范建芝，井水华，段成鼎，等，2019. 活性腐植酸复合肥对甘薯农艺性状、产量及品质的影响[J]. 山东农业科学，51（5）：113-116.

冯国良，冯国惠，2017. 玉米腐植酸尿素应用效果试验[J]. 现代化农业（11）：24-26.

郭艳，郭中义，2015. 小麦施用增效复合肥效果研究[J]. 现代农业科技（15）：9，12.

哈丽哈什·依巴提，张炎，李青军，2019. 新型尿素对加工番茄的产量和氮素利用率的影响[J]. 新疆农业科学，56（2）：278-287.

黄继川，彭智平，涂玉婷，等，2019. 施用海藻酸复合肥料的双季稻产量和氮磷肥料效应[J]. 热带作物学报，41（5）：859-867.

蒋东，章力干，齐永波，等，2020. 增效复合肥减氮施用对稻田水氮素流失的影响[J]. 农业环境科学学报，39（6）：1 342-1 350.

李金鑫，李絮花，刘敏，等，2020. 海藻酸增效复混肥料在冬小麦上的施用效果[J]. 中国土壤与肥料（1）：153-159.

李军，2017. 腐植酸对氮、磷肥增效减量效应研究[D]. 北京：中国农业科学院.

李文平，陈祥福，周丽，等，2019. 复合肥中应用不同比例风化煤及其碱提腐植酸对冬小麦生长和产量的影响[J]. 腐植酸（6）：29-32.

李亚莉，张炎，胡国智，等，2018. 新型尿素对新疆哈密瓜产量、品质及氮肥利用的影响[J]. 新疆农业科学，55（10）：1 888-1 894.

李燕楠，尹兴，郭景丽，等，2019. 不同剂型腐植酸复合肥在葡萄上的应用效果研究[J]. 林业与生态科学，34（2）：141-146.

李源，张炎，哈丽哈什·依巴提，等，2019. 腐植酸尿素施用量及不同配比对新疆膜下滴灌棉花产量及氮肥利用的影响[J]. 西北农业学报，28（2）：191-197.

李兆君，陆欣，王申贵，等，2004. 腐植酸尿素对玉米产量及品质的影响[J]. 山西农业大学学报，24（4）：322-324，

李志坚，林治安，赵秉强，等，2013. 增效磷肥对冬小麦产量和磷素利用率的影响[J]. 植物营养与肥料学报，19（6）：1 329-1 336.

梁太波，王振林，刘娟，等，2009. 灌溉和旱作条件下腐植酸复合肥对小麦生理特性及产量的影响[J]. 中国生态农业学报，17（5）：900-904.

刘红恩，张胜男，刘世亮，等，2018. 腐植酸尿素对冬小麦产量、养分吸收利用和土壤养分的影响[J]. 西北农业学报，27（7）：944-952.

刘森森，王曰鑫，2018. 腐植酸复合肥对旱作玉米生长及土壤物理性质的影响[J]. 腐植酸（2）：33-39.

刘盛林，董晓霞，孙泽强，等，2019. 复合肥中腐植酸含量对冬小麦产量和氮吸收的影响[J]. 山东农业科学（5）：89-93.

刘士勇，2005. 腐植酸复合肥在水稻、小麦、玉米上的应用效果[J]. 东北农业大学学报，36（5）：672-674.

马明坤，袁亮，李燕婷，等，2019. 不同磺化腐殖酸磷肥提高冬小麦产量和磷素吸收利用的效应研究[J]. 植物营养与肥料学报，25（3）：362-369.

冉斌，张爱华，张钦，等，2018. 新型腐植酸尿素对玉米产量、养分积累及利用的影响[J]. 河南农业科学，47（12）：28-33.

孙克刚，张梦，李玉顺，2016. 腐植酸尿素对冬小麦增产效果及氮肥利用率的影响[J]. 腐植酸（3）：18-21.

王薇，李子双，穆吉珍，2016. 腐植酸复合肥在马铃薯上的应用效果研究[J]. 山东农业科学，48（6）：81-83.

文辉，黄金宝，纪春茹，等，2015. 水稻腐殖酸尿素应用效果试验[J]. 北方水稻，45（4）：30-32.

袁亮，2014. 增值尿素新产品增效机理和标准研究[D]. 北京：中国农业科学院.

岳克，马雪，宋晓，等，2018. 新型氮肥及施氮量对玉米产量和氮素吸收利用的影响[J].

中国土壤与肥料（4）：75-81.

翟勇，李玮，史力超，等，2016.腐植酸尿素对滴灌棉花产量及氮肥利用率的影响[J].中国棉花，43（5）：27-31.

张兰生，张晶，党建友，等，2018.锌腐酸肥料对冬小麦群体、产量及品质的影响[J].中国土壤与肥料（2）：109-112.

张水勤，2018.不同腐植酸级分的结构特征及其对尿素的调控[D].北京：中国农业大学.

张运红，和爱玲，姚健，等，2018.海藻寡糖增效尿素与有机肥在大豆上的配合施用效果研究[J].大豆科学，374（4）：570-577.

张运红，孙克刚，杜君，等，2016.海藻寡糖增效尿素对水稻产量和品质的影响[J].河南农业科学，45（1）：53-56.

赵康，王海华，2016.施用含海藻多糖尿素对小麦生长、产量的影响[J].园艺与种苗（8）：63-65.

赵欣楠，杨君林，冯守疆，等，2017.新型尿素在甘肃省马铃薯上的应用研究[J].甘肃农业科技（7）：54-57.

赵众，2016.锌腐酸增值肥料在东北玉米和水稻上的应用研究[D].沈阳：沈阳农业大学.

周传余，郎英，周超，2011.腐植酸复合肥对番茄产量和品质的影响[J].黑龙江农业科学（7）：45-48.

周勇，商照聪，宝德俊，等，2014.海藻酸尿素对夏玉米产量和氮肥利用率的影响[J].中国土壤与肥料（3）：23-26.

第7章
增值肥料发展与展望

　　增值肥料是将安全环保的有机生物活性增效载体与化学肥料科学配伍，通过综合调控"肥料—作物—土壤"系统改善肥效的肥料增值产品。增值肥料是继缓/控释肥料、稳定性肥料、脲醛类肥料之后发明的新一代绿色高效肥料产品类型。在过去的20年间，增值肥料产生、根植和发展于中国，其载体增效制肥技术策略、"肥料—作物—土壤"综合调控增效理论、与大型化肥生产装置结合一体化生产的产业途径、标准化体系建设等不断发展和完善，逐步形成增值肥料理论体系、技术体系和产品体系。增值肥料在我国已经形成新产业，增值尿素、增值磷铵、增值复合肥料等绿色高效肥料年产量达到1 500万吨，每年应用面积达4.5亿亩，作物增产100亿千克，农民增收200亿元，为我国化肥减施增效、农业绿色高质量发展作出了重要贡献。

7.1　增值肥料产业发展

　　增值肥料属于中国发明。传统腐植酸肥料，以腐植酸为主要原料，经不同化学处理或再掺入无机肥料而制成[1][2]。过去人们利用腐植酸或

---

① 中国科学院山西煤炭化学研究所，等，1979. 腐植酸类肥料[M]. 北京：科学出版社：75-106.

② 杨玉爱，1996. 腐植酸类肥料[M]//孙曦. 中国农业百科全书·农业化学卷. 北京：农业出版社：87-88.

海藻酸与肥料配伍开发高效肥料，因载体活性相对较低、用量大[①]（梁太波等，2007），难以与化肥大型生产装置结合，多以二次加工的方式生产，存在产能低、成本高、产业化推广难度大等问题。从2000年开始，中国农业科学院新型肥料团队研究提出载体增效制肥新理念（赵秉强等，2004，2005，2008；杜伟等，2012a，2012b，2015），致力于利用腐植酸、海藻提取物、氨基酸等天然/植物源材料，开发高活性、环保安全、专用型增效载体，与肥料科学配伍时微量添加（一般不超过5‰），即可实现对"肥料—作物—土壤"系统的高效综合调控，大幅度改善肥效，发展形成增值肥料新产业（赵秉强，2013a）[191-207]（赵秉强，2016）。研发的系列生物活性增效载体和增值肥料产品及制备技术获得26项发明专利授权，形成了专利群（赵秉强等，2007，2011，2013，2015；袁亮等，2014，2015a，2015b），实施知识产权保护，并获得5项中国专利优秀奖。载体增效制肥理念和载体微量高效技术发展，实现了增效载体与尿素、磷铵、复合肥等大型生产装置结合一体化生产绿色高效增值肥料，突破了绿色高效肥料生产普遍存在的二次加工、产能低、成本高的技术短板。增值肥料的发明改变了过去单纯依靠调控肥料营养功能改善肥效的技术策略，开启了新产品综合调控"肥料—作物—土壤"系统增效的技术新途径，更大幅度提高肥料利用率，同时也为推动我国尿素、磷铵、复合肥大宗化肥产品整体实现绿色转型升级铺平了道路（赵秉强，2016）。

2011年3月20日，腐植酸增值尿素、海藻酸增值尿素、聚合谷氨酸增值尿素在瑞星集团大型尿素装置上实现产业化，同时启动了增值尿素增产效果全国联网研究，与普通尿素相比，增值尿素可使作物平均增产9.6%，氮肥利用率平均提高7.8个百分点。2011年11月1日，瑞星集团股份有限公司在山东省质量技术监督局备案了我国第一个增值尿素企业标准《海藻液改性尿素》（Q/3700DRX 002—2011）。2012年12月5日，在

---

① 杨志福，1991. 腐植酸有效施用条件和施用方法[M]//郑平. 煤炭腐植酸的生产和应用. 北京：化学工业出版社：287-288.

中国氮肥工业协会指导下，中国农业科学院农业资源与农业区划研究所联合国内17家农业大学/农科院和16家大型尿素企业，在北京成立化肥增值产业技术创新联盟，通过产—学—研—用密切结合，研发和推广增值肥料。化肥增值产业技术创新联盟的成立，拉开了增值肥料产业化推广的大幕，于2018年载入中国氮肥工业发展60周年大事记。2012年5月，增值复合肥技术在中农舜天实现产业化，同时启动腐植酸类、海藻酸类、氨基酸类增值复合肥增产效果的全国联网研究，增值复合肥在我国不同区域主要大田作物上均表现出普遍的增产效果。2013年3月，在中海化学湖北大峪口化工有限责任公司30万吨/年装置上首次成功实现了锌腐酸增值磷铵产业化。2013年5月，增值尿素列入国家科技支撑计划课题"环渤海中低产田增值尿素研制与施用技术研究（2013BAD05B04）"。2014年5月，昊华骏化集团在年产20万吨的高塔生产装置上实现锌腐酸增值复合肥料产业化，锌腐酸增值复合肥较常规复合肥在减施20%的条件下，实现玉米增产14.4%。2015年7月20日，腐植酸、海藻酸、氨基酸增值肥料被列入《关于推进化肥行业转型发展的指导意见》（工信部原〔2015〕251号），增值肥料发展上升为国家战略。2015年12月，江西开门子肥业股份有限公司在年产20万吨的大型高塔生产装置上实现海藻酸增值复合肥料产业化。2016年8月，增值肥料列入"十三五"国家重点研发计划项目"新型复混肥料及水溶肥料研制（2016YFD0200400）"，重点研发肥料专用、作物专用及配方专用肥料增效载体和系列专用型增值肥料新产品。2017年5月，贵州开磷集团股份有限公司在年产20万吨的磷铵装置上实现海藻酸增值磷酸二铵产业化。2017年1月22日至3月7日，云南水富云天化有限公司创造了在大型尿素装置（80万吨/年）上一次性连续生产10万吨锌腐酸增值尿素产品的世界纪录，2018年载入中国氮肥工业发展60周年大事记。2017年4月1日，《含腐植酸尿素》（HG/T 5045—2016）、《含海藻酸尿素》（HG/T 5049—2016）、《海藻酸类肥料》（HG/T 5050—2016）和《腐植酸复合肥料》（HG/T 5046—2016）四项增值肥料国家化工行标准正式实施；2020年1月1日，《含腐植酸磷酸一铵、磷酸二铵》（HG/T 5514—2019）和《含海藻酸磷酸一铵、磷酸二铵》（HG/T 5515—2019）两项增值磷铵产品国家化工行业标准正式实施。系列增值肥料国家行业标准的发布实施，标志着增值肥料形成新产业。

迄今，增值肥料在瑞星集团、中海化学、中化化肥、骏化集团、云天化、贵州磷化集团、六国化工等国内数十家大型企业实现产业化，年产量1 500万吨，成为全球产量最大的绿色高效肥料品种，为我国化肥减施增效、农业高质量绿色发展作出了重要贡献。

近年来，特别是2010年以来，国外也开始发展增值肥料。澳大利亚EcoCatelysts公司利用腐植酸增效载体开发大颗粒增值尿素（Black Urea）和增值磷铵（Black DAP），采用二次加工包衣的方式生产。2016年12月16日，本书著者应邀专门访问过澳大利亚的这家公司，与公司总经理（CEO）Gary Murdoch-Brown博士座谈，他对中国发明的与大型生产装置结合生产的锌腐酸增值尿素给予高度评价，认为与大型尿素生产装置结合生产增值尿素，避免二次加工，具有产能高、成本低、效果好的特点。印度政府大力发展含有印楝素的增值尿素，具有增效、防病的功能，推广应用面积很大。最近几年，欧美等国家利用腐植酸、海藻提取物、氨基酸等物质，大力研究和发展生物刺激素（Biostimulants），为此，欧洲于2011年6月成立了欧洲生物刺激素工业委员会（European Biostimulant Industry Coucil，EBIC），美国于2011年7月成立了生物刺激素联盟（Biostimulant Coalition）（白由路等，2017）[1-13]。生物刺激素物质是既不同于肥料也不同于农药的一类具有生物刺激功能的物质，具有微量施用调节植物代谢、改善养分吸收、提高植物抗逆、改善作物品质等功能。尽管生物刺激素开发所用的物质类似于增值肥料微量高效增效载体，但其研发方向和服务对象与增效载体存在明显区别。生物刺激素的研发目标和应用对象是作物，多以液体剂型主要用于喷施、蘸根或浸种，直接作用于作物，调节和促进作物生长发育，从而提高产量和品质。增值肥料所用的增效载体，其研发方向主要是与肥料融合配伍，通过优化肥料养分供应，促进作物养分吸收，活化土壤营养元素，实现对

"肥料—作物—土壤"系统综合调控而大幅度改善肥效，提高作物产量及品质。微量高效载体的研发过程中，载体对肥料的调控、与肥料类型和配方的配伍性以及与化肥大型生产装置结合性等均需重视。鉴于生物刺激素和增值肥料增效载体的研发方向、使用方法和服务对象等存在很大的不同，因此，不能将二者混为一谈。

7.2　增值肥料研究展望

增值肥料作为新一代绿色高效肥料产品类型，其增效理论、产业技术、标准化体系建设和施用技术等方面仍需不断深入研究和发展完善。

7.2.1　增效增产理论与技术

突破单一营养调控增效，实现对"肥料—作物—土壤"综合调控增效，是增值肥料增产高效的理论基础。尽管过去大家对增值肥料的"肥料—作物—土壤"系统综合调控增效理论进行了大量卓有成效的研究，但"肥料—作物—土壤"系统非常复杂，综合调控理论仍有许多方面需要加强研究和完善：①与土壤—气候—作物匹配的增值肥料供肥性优化机制及其与肥料增效和作物高产的关系；②增效载体与肥料—作物—土壤的互作机制及其与肥料增效和作物高产的关系；③增值肥料的信号学、靶向学、基因表达等调控机制及其与肥料增效和作物高产的关系；④增值肥料在不同土壤—气候—作物系统中优化调控"肥料—作物—土壤"系统的策略与途径。总之，只有不断深入研究和完善增值肥料的理论体系，才能创制更加高效的增值肥料产品，更好地发挥肥料产品创新在粮食安全、环境保护、肥料资源可持续利用、农业绿色发展中的重要作用。

7.2.2　载体微量高效理论与技术

载体增效制肥是增值肥料的核心技术策略，载体微量高效理论与技术为增值肥料产业实现提供了保障和支撑。深入研究载体结构性与其生物活性和增效效应的关系，为实现载体微量高效，开发肥料、作物专用增效载体提供理论支撑；深入探讨载体与肥料、作物、土壤的交互作用及其对载体功能的影响及机制，为载体活性保持和功能发挥提供理论和技术策略；探索增值肥料增效载体功能保持提高的技术策略和产业途径，为增值肥料功能稳定发挥提供科技支撑。随着增值肥料产业的不断发展壮大，增效载体亦逐渐形成新产业。深入研究和开发绿色环保、综合调控、微量高效、配伍性好、生产安全、可检测的高质量增效载体，建立载体微量高效理论与技术，为增效载体产业的形成和健康发展提供科技保障。

7.2.3 产业化技术

普通尿素、磷铵、复合肥产业技术本身具有技术复杂性、系统性及工艺多样性，增值肥料与上述大型化肥生产装置相偶联一体化生产，增效载体"牵一发而动全身"，构成更为复杂的产业技术系统。增值肥料生产工艺技术既要保障大型化肥生产装置生产的连续性、安全性，也要保障增值肥料的效果和功能。增值肥料产业技术体系需要建立完备的微量高效载体的精准添加系统，优化新的物料、水、热平衡体系及工艺参数，以保障载体活性和增值肥料功能，并依据化肥工艺特点研发微量高效化、工艺专用化的增效载体。

7.2.4 标准化体系建设

标准体系建设是规范和推动增值肥料产业健康发展的重要保障。增值肥料标准化体系建设包括增效载体产品体系和生产过程标准化、增值肥料产品体系和生产过程标准化以及增值肥料施用技术标准化3个方面。过去的10年间，增效载体和增值肥料产品标准化体系建设取得了重要进展，制定了上千项增效载体和增值肥料系列产品企业标准和8项国家化工行业标准。未来，增效载体和增值肥料生产过程标准化、增值肥料施用技术标准化建设将进一步加强。

7.2.5　应用效果和施用技术

增值肥料作为新一代绿色高效肥料产品，系统研究其在不同类型土壤、气候、作物上的适应性及增效增产效果，建立与"作物—土壤—气候"相匹配的增值肥料施用技术规程，为增值肥料科学施用，进一步挖掘其增效增产潜力提供科技支撑。

7.3　增值肥料产业发展展望

7.3.1　增值尿素产业发展

目前，我国80%的尿素生产企业具备了生产增值尿素的能力，增值尿素产能达到2 500万吨/年，约占尿素总产能的37%；增值尿素的年产量约为500万吨，占农田直接施用尿素的30%。预计未来5～10年，我国增值尿素产能将到达3 500万吨/年，占到尿素总产能的一半左右；增值尿素年产量将达到1 000万吨，约占农田直接施用尿素的2/3。

7.3.2　增值磷铵产业发展

磷铵包括磷酸一铵（MAP）和磷酸二铵（DAP）。根据中国磷复肥协会统计，2019年我国磷酸一铵和磷酸二铵产量分别为1 438万吨和1 502万吨（实物量），占到磷肥总产量的85%左右。磷酸一铵主要用作复合肥料的原料，较少直接施用于农田。磷酸二铵中，约2/3直接农田施用，1/3用作掺混肥（BB肥）的原料，以掺混肥的形式施入农田。增值磷铵产品主要是增值磷酸二铵。目前，我国的增值磷酸二铵年产量约70万吨，占二铵产量的5%。预计未来5～10年，我国增值磷酸二铵年产量将达到500万吨，占二铵产量的1/3。

7.3.3 增值复合肥料产业发展

我国复合肥料生产工艺主要有料浆法、高塔法、团粒法、氢钾工艺等，另加掺混（BB）肥料，总产能达到2亿吨/年，产量约5 000万吨（实物量）。当前，我国腐植酸类、海藻酸类、氨基酸类等增值复合肥料年产量900万吨，约占复合肥料总产量的20%。预计未来5～10年，我国增值复合肥料年产量将达到2 000万吨，占复合肥料总产量的50%。

总之，随着我国肥料产业质量替代数量发展战略的实施，未来5～10年，增值肥料将进入快速发展时期，年产量将达到3 500万吨，占到农田直接施用尿素、磷铵、复合肥的50%以上，从而形成绿色高效增值肥料大产业。

另外，随着增值肥料产业的兴起和发展，肥料增效载体已经逐渐形成新的产业。目前我国为生产增值肥料提供腐植酸类、海藻酸类、氨基酸类等各类增效载体的企业约有200多家，为增值肥料提供了约60万吨（实物量）增效载体，产值约30亿元人民币。预计未来5～10年，我国增值肥料年产量将达到3 500万吨，增效载体市场需求量则达到120万吨，产值将到达70多亿元人民币，形成增值肥料增效载体新产业。

参考文献

白由路，等，2017. 植物生物刺激素[M]. 北京：中国农业科学技术出版社.

杜伟，赵秉强，林治安，等，2012a. 有机无机复混肥优化化肥养分利用的效应与机理研究Ⅰ. 有机物料与尿素复混对玉米产量及肥料养分吸收利用的影响[J]. 植物营养与肥料学报，18（3）：579-586.

杜伟，赵秉强，林治安，等，2012b. 有机无机复混肥优化化肥养分利用的效应与机理研究Ⅱ. 有机物料与磷肥复混对玉米产量及肥料养分吸收利用的影响[J]. 植物营养与肥料学报，18（4）：825-831.

杜伟，赵秉强，林治安，等，2015. 有机无机复混肥优化化肥养分利用的效应与机理研究Ⅲ. 有机物料与钾肥复混对玉米产量及肥料养分吸收利用的影响[J]. 植物营养与肥料学报，21（1）：58-63.

梁太波，王振林，刘兰兰，等，2007. 腐植酸尿素对生姜产量及氮素吸收、同化和品质的影响[J]. 植物营养与肥料学报，13（5）：903-909.

孙曦，1996. 中国农业百科全书·农业化学卷[M]. 北京：农业出版社.

袁亮，李燕婷，赵秉强，等，2015a-6-17. 一种聚合氨基酸肥料助剂及其制备方法：中国，专利：ZL 201410027295.1[P].

袁亮，赵秉强，李燕婷，等，2014-2-5. 一种海藻增效尿素及其生产方法与用途：中国，专利：ZL 201110402369.1[P].

袁亮，赵秉强，李燕婷，等，2015b-10-7. 一种发酵海藻液肥料增效剂及其生产方法与用途：中国，专利：ZL 201210215693.7[P].

赵秉强，2013a. 新型肥料[M]. 北京：科学出版社.

赵秉强，2016. 传统化肥增效改性提升产品性能与功能[J]. 植物营养与肥料学报，22（1）：1-7.

赵秉强，李燕婷，李秀英，等，2007-10-3. 双控复合型缓释肥料及其制备方法：中国，专利：ZL200510051250.9[P].

赵秉强，李燕婷，林治安，等. 2011-4-20. 一种腐植酸复合缓释肥料及其生产方法：中国，专利：ZL200810239733.5.

赵秉强，袁亮，李燕婷，等，2013-10-23. 一种腐植酸尿素及其制备方法：中国，专利：ZL 201210086696.5[P].

赵秉强，袁亮，李燕婷，等，2015-9-23. 一种腐植酸增效磷铵及其制备方法：中国，专利：ZL 201310239009.3[P].

赵秉强，张福锁，廖宗文，等，2004. 我国新型肥料发展战略研究[J]. 植物营养与肥料学报，10（5）：536-545.

郑平，1991. 煤炭腐植酸的生产和应用[M]. 北京：化学工业出版社.

中国科学院山西煤炭化学研究所，1979. 腐植酸类肥料[M]. 北京：科学出版社.